Lutz W. Eichler

Führung rockt!

Lutz W. Eichler

Führung rockt!

Wie Sie bei Ihren Mitarbeitern ein Klima für freies Denken und Innovationen schaffen

WILEY

WILEY-VCH Verlag GmbH & Co. KGaA

1. Auflage 2016

Alle Bücher von Wiley-VCH werden sorgfältig erarbeitet. Dennoch übernehmen Autoren, Herausgeber und Verlag in keinem Fall, einschließlich des vorliegenden Werkes, für die Richtigkeit von Angaben, Hinweisen und Ratschlägen sowie für eventuelle Druckfehler irgendeine Haftung

© 2016 Wiley-VCH Verlag & Co. KGaA, Boschstr. 12, 69469 Weinheim, Germany

Bibliografische Information der Deutschen Nationalbibliothek

Die Deutsche Nationalbibliothek verzeichnet diese Publikation in der Deutschen Nationalbibliografie; detaillierte bibliografische Daten sind im Internet über ‹http://dnb.d-nb.de› abrufbar.

Umschlaggestaltung init GmbH, Bielefeld
Coverfoto milosljubicic@fotolia.com
Satz SPi, Chennai
Druck und Bindung CPI books GmbH, Leck

Gedruckt auf säurefreiem Papier

Print ISBN 978-3-527-50893-8
ePub ISBN 978-3-527-80798-7
mobi ISBN 978-3-527-80799-4

Für einen besonderen Menschen – meinem Mentor, Coach und Wegbegleiter Diplom-Kaufmann Guntram Stroebe.

(1944–1991)

Inhalt

Vorwort

Ich kann mich noch gut an ein Ereignis in meiner Studienzeit erinnern, wir mussten eine Statistikklausur schreiben, unser Dozent sagte uns, dass er die Aufgaben in ca. zwei Stunden geschafft hat und wir mit einem »Studentenbonus« drei Stunden Zeit hätten. So nach und nach wurde von uns die Klausur abgegeben und wir waren fast alle recht zuversichtlich gut abgeschnitten zu haben. Umso größer war unsere Überraschung, als wir bei der Rückgabe der Arbeiten unsere Noten sahen. Alle Aufgaben richtig und dennoch nur eine Drei? Unser Dozent hatte dafür eine Erklärung parat: »Ich habe nicht nur

Quelle: Fotostudio Corinna DIGITAL/ Thomas Malik

die Aufgaben bewertet, sondern auch das Ergebnis in Relation zur aufgewendeten Zeit. Wer alles richtig hat, aber als Vorletzter abgegeben hat, bekommt eben keine Eins mehr.« Damals fanden wir das empörend – heute, mit dem Abstand vieler Jahre sehe ich das etwas anders. Was wir damals gelernt haben ist eine Lektion fürs Leben: Wenn andere besser werden, musst du schneller besser werden als sie, oder du schneidest vergleichsweise schlechter ab. Das heißt ständige Verbesserung und bedeutet nichts anderes als INNOVATION! Und … das gilt für meine berufliche Karriere, für Ihre Karriere, für Ihre Abteilung und auch für einen 100 000 Mitarbeiter zählenden Großkonzern.

Dieses Buch entstand in 25 Jahren, nicht dass ich 25 Jahre daran geschrieben hätte. Aber in 25 Jahren habe ich in Seminaren, Workshops und Change Projekten viele Eindrücke gesammelt. Ich habe mit Überzeugung, die Handhabung verschiedenster

Führungsinstrumente vermittelt, ich habe Führungskräfte darin trainiert Mitarbeitergespräche zu führen, zum Glück habe ich mich nicht auch noch verleiten lassen, Seminare zu Persönlichkeitsentwicklung zu geben.

Ich sehe diese Bemühungen jetzt durchaus kritisch. Worauf es ankommt, ist doch nicht die Handhabung irgendwelcher Instrumente, worauf es ankommt, ist doch nicht die Vermittlung irgendwelcher Skills, worauf es ankommt, sind Spitzenleistungen! Und die erreiche ich nur mit Leidenschaft und Begeisterung – bei den Mitarbeitern und den Führungskräften. Leidenschaft und Begeisterung sind aber nicht das Ergebnis von Seminaren zur Persönlichkeitsentwicklung oder Motivationstrainings. Leidenschaft entsteht, wenn wir Arbeit neu denken.

Was heißt das, Arbeit neu denken? Arbeit neu denken bedeutet für mich, die Möglichkeiten nutzen, um mit einzigartigen Menschen unvergleichliche Produkte und unverwechselbare Unternehmen zu schaffen. Arbeit neu denken heißt auch, den Mitarbeiter vom Mittel zum Zweck unternehmerischen Handelns zu machen.

Wir leben in einer großartigen und erschreckenden Zeit. Die uns unvergleichliche Chancen bietet, aber auch ebensolche Risiken bereithält. Wir werden die Chancen aber nur nutzen, wenn es uns gelingt radikal umzudenken, wenn es uns gelingt der Individualität mehr Raum zu geben. Ich gehe sogar so weit zu sagen, wenn es uns nicht gelingt im Unternehmen ein Klima des freien Denkens und der Innovation zu schaffen, in dem die Mitarbeiter freiwillig ihr intellektuelles Kapital, ihre Kreativität einbringen, dann wird das Unternehmen diese großartig erschreckenden Zeiten nicht überleben.

Unter den Bedingungen der vierten industriellen Revolution ist es vorrangige Aufgabe für Führungskräfte, den Mitarbeiten Möglichkeiten zu eröffnen und die Talente der Mitarbeiter zu fördern. Dafür reichen Lippenbekenntnisse und immer wieder schöne Reden, sowie Kompetenz- und Ressourcenoptimierung allein nicht aus. BEI WEITEM NICHT!

Führungskräfte müssen heute ihre Rolle neu definieren und sich klar werden, dass Führung vor allem von den Geführten abhängig ist. Sie müssen anders kommunizieren und mit Fehlern umgehen, ihren Mitarbeitern die Möglichkeiten geben, auch scheinbar verrückte oder abgefahrene Dinge zu tun und damit ein echtes Klima für freies Denken und Innovationen schaffen.

Große und neue Wertschöpfung findet mehr und mehr außerhalb standardisierter Normen und Regeln statt. Das ist Chance und Herausforderung, zugleich aber auch Risiko, wenn wir es falsch machen.

Zum ersten Mal in der Industriegeschichte stehen die Mitarbeiter wirklich im Mittelpunkt, denn allein deren geistige und fachliche Potenziale, deren Kreativität werden zukünftig die wichtigste Unternehmensressource sein. Um diese Fähigkeiten zu wecken und nutzen zu können, bedarf es einer wahren Führungsrevolution. Wir brauchen keine neuen Regeln, sondern Freiräume! Wir brauchen keine neuen Führungstechniken, sondern Vertrauen! Wir brauchen nicht mehr Führung, sondern bessere Führung!

Wenn es gelingt, die Kreativität der Mitarbeiter und deren Lust am eigenen Wirken zu wecken und ihnen Freiräume zum Wachsen zu geben, dann kann man mit Fug und Recht sagen: FÜHRUNG ROCKT!!!

1 Hic sunt dragones

KLAGE – Was kommt da noch alles auf uns zu ...

Wir hatten sie schon totgesagt, die sogenannte Dotcom- oder Internetwirtschaft. Aber es sieht ganz danach aus, dass die Dotcom-Pleite nur ein Vorgriff auf den größten und tiefgreifendsten Wandel der Arbeitswelt seit eintausend Jahren war.

Die Wirtschaft steht an der Schwelle zur vierten industriellen Revolution. Durch das Internet getrieben, wachsen reale und virtuelle Welt zu einem Internet der Dinge zusammen.

Statt uns mit aller Macht an altes Management und alte Vorstellungen von Ordnung, Sicherheit und Effizienz zu klammern, sollten wir die Chance nutzen, die vierte Industrielle Revolution aktiv und risikofreudig mitzugestalten. Neben dem Risiko ungeheuer Fehlschläge erwarten uns ungeahnte Möglichkeiten in Form von hoch flexibilisierter Großserien-Produktion, Kunden und Geschäftspartnern, die direkt in Geschäfts- und Wertschöpfungsprozesse eingebunden sind, und hochwertigen Dienstleitungen.

TRAUM – Ich glaube ...

... dass die Arbeit der Mitarbeiter zukünftig von Projekten bestimmt wird und die verbreitete Abneigung gegen den Wandel einer zunehmenden Lust an der Veränderung Platz machen wird.

... dass Unternehmen Barrieren beseitigen und Bürokratie abbauen werden und die Einbindung der Mitarbeiter so

tiefgreifend sein wird, dass das Delegationsprinzip der letzten Jahrzehnte ein Kinderkram dagegen ist.

… dass zukünftig immer mehr Mitarbeiter ermutigt werden, Regeln zu brechen und eigene Träume zu verwirklichen.

… dass in unserer Gesellschaft Flexibilität und Unternehmergeist gestärkt werden und eine offene Gesellschaft die Chancen globaler Vernetzung nutzt.

Gegensätze!

Bisher	In Zukunft
Berechenbarkeit	Turbulenzen und Zeichen des Übergangs
Beständigkeit	Dramatischer Wandel
Bekanntes Terrain	Unerforschte, weiße Flecke
Lineares Wachstum	Exponentielles Wachstum
»Pflastern von Trampelpfaden«	Bau von Schnellstraßen
Ordnung	Chaos
Ein wenig Anpassung und Veränderung	Neuerfindung
Strategie und Planung	Flexibilität
Vermeidung des Falschen	Tun des Richtigen
Industrielles Zeitalter	Informationszeitalter
Statik und Kontrolle	Fortdauernde Evolution
Siedler	Paradigmen-Veränderer und Pioniere
Veränderungen in der Produktion	Veränderungen entlang der gesamten Wertschöpfungskette
Routinebürotätigkeiten	Mikroprozessor
Hierarchien	Wenig Autoritätsstrukturen
Anweisungen	Wenig Verhaltensregeln
Reine Dienstleistungen	Integrierte Lösungen
Effizienzverbesserung bestehender Prozesse	In Frage stellen bestehender Prozesse
Standardabläufe	Ausnahmesituationen

Quelle: Fotolia

Auf uns kommt eine Zeit des dramatischen Wandels, der
Turbulenzen und des Chaos zu. Solche Turbulenzen sind
immer Zeichen des Übergangs. Der Informatikprofessor Peter
Molzberger vergleicht das mit einem Flugzeug, welches sich der
Schallmauer nähert, beim Übertritt in die Überschallgeschwin-
digkeit wird es mächtig durchgeschüttelt, um danach den Flug
wieder ruhig fortzusetzen. Eine solche Phase kann einem Angst
machen oder in Begeisterung versetzen, das ist abhängig von
unserer inneren Einstellung zu Dynamik und Stabilität, oder
sollte ich lieber Stagnation sagen? Ich komme auf diesen Aspekt
später noch einmal zurück.

Was heißt es kommen Zeiten dramatischen Wandels auf uns zu – diese Entwicklung ist schon längst im Gange. Der Managementvordenker Tom Peters vergleicht unsere gegenwärtige Situation mit der jener Seefahrer im Mittelalter, die sich zu neuen Ufern aufmachten, diese bezeichneten die noch unerforschten, weißen Flecken unseres Erdballs auf Seekarten gern mit der Bezeichnung »Hic sunt dragones« (Hier sind Drachen). Ein gutes Bild und das ist auch der Grund für den Titel dieses Kapitels. In der Tat hat die Situation der alten Seefahrer sehr viel mit unserer heutigen Situation zu tun.

Einerseits begann um 1500, in einer sogenannten Schwellenzeit, der Weg in die Moderne, andererseits entwickelt sich die Welt von heute so rasant, dass eine als sicher geglaubte Bastion nach der anderen fällt. Was übrig bleibt, sind weiße Flecken, wo neue Drachen sind, aber auch ungeheure Chancen warten.

Wir sind in eine Phase exponentiellen Wachstums eingetreten und das Tempo der Veränderung nimmt immer mehr Fahrt auf. Um 1750 hatte sich das Wissen aus dem Jahre 1500 etwa verdoppelt, im 19. Jahrhundert veränderte sich mehr, als in den 1000 Jahren davor, 1900 hatte sich das Wissen der Schwellenzeit vervierfacht und in den ersten 20 Jahren des 20. Jahrhundert ereignete sich mehr als im gesamten Jahrhundert davor.

Im Jahr 2003 hatte sich das Wissen der Menschheit seit Christi Geburt bereits ver-160 000facht. Ray Kurzweil[1], Vordenker des Transhumanismus, Leiter der technischen Entwicklung bei Google, ist der Ansicht, dass das 21. Jahrhundert eintausend Mal so viele technische Neuerungen sehen wird, wie das Jahrhundert davor. Alles spricht dafür, dass er Recht hat.

1947 wurde der Transistor entwickelt, 1971 der erste Mikroprozessor mit 2300 Transistoren, der Intel 4004. 2014 brachte Intel den E5-2699v3 heraus, mit 5 570 000 000 Transistoren und das ist noch nicht das Ende der Fahnenstange. Die Zahl der Transistoren je Flächeneinheit wird sich weiter alle 18 Monate verdoppeln.

All das wird Auswirkungen auf uns und unsere Arbeitswelt haben, Der US-amerikanischer Wirtschaftswissenschaftler und Managementvordenker Michael Hammer verglich die ersten drei Jahrzehnte des Computerzeitalters mit dem »Pflastern von Trampelpfaden«, das heißt mit der Computerisierung von alt hergebrachten Prozessen und Verfahren. Was jetzt kommt, ist der Bau von Schnellstraßen.

Unser Denken ist auf exponentielle Veränderungen nicht eingerichtet, denn bis vor Kurzem schien es sie nur in der Welt der Mathematik zu geben. Aber spätestens mit der Bevölkerungsexplosion sind wir in der realen Welt auf sie aufmerksam geworden, nun scheint es, greifen immer mehr exponentielle Entwicklungen in unser Leben ein. Vielen mag das als Chaos oder verrückte Welt erscheinen, manchem mag diese Entwicklung Angst machen, wenige sehen auch die Chancen, die darin liegen.

Nichts desto trotz, die Veränderungen passieren mit oder ohne uns, und wir sind gut beraten, uns in unserem unternehmerischen und Führungshandeln darauf einzustellen. Dazu bedarf es nicht ein wenig Anpassung oder ein wenig Veränderung, ein wenig Verbesserung – VERGESSEN SIE's! Es bedarf einer REVOLUTION.

Wir müssen uns, unsere Unternehmen und Organisationen im Schumpeterschen[2] Sinne wieder neu erfinden.

Werfen wir einen Blick auf einige heilige Kühe der Managementlehre. Ich kann mich noch erinnern, dass zu Beginn meiner beruflichen Laufbahn das Thema Strategie und Planung sehr groß geschrieben wurde, kritisiert wurde vor allem kurzfristiges, auf jährliche Bilanzen ausgerichtetes Erfolgsdenken. Erste Ansätze der strategischen Planung gehen bis in die siebziger Jahre zurück – da drückte ich noch die Schulbank. Man versuchte, der zunehmenden Komplexität und Dynamik Rechnung zu tragen und Risiken rechtzeitig zu erkennen, indem man für Produkte und Märkte eine geeignete Strategie suchte, die den langfristigen Unternehmenserfolg sichern sollte.

Doch während wir planen geschieht das Leben, nichts gegen Strategie, aber Strategie benötigt heute mehr denn je Flexibilität und Flexibilität braucht Kommunikation, viel Kommunikation, MEGAKOMMUNIKATION. Vergessen Sie also große Pläne, heute funktioniert kaum noch ein Jahresplan, oder um es mit Brecht zu sagen:

»Ja, mach nur einen Plan! Sei nur ein großes Licht!

Und mach dann noch 'nen zweiten Plan.

Gehn tun sie beide nicht.«

Wie steht es heute eigentlich mit den Themen Total Quality Management, KVP, 5S oder Six Sigma? Gewiss, Qualität ist immer noch wichtig, aber heute ist mehr nötig als ständige Verbesserung. Brockhaus hat seine Ausgaben auch ständig verbessert doch dann kam Wikipedia! Wer heute versucht sein Produkt immer nur ein wenig besser zu machen, dessen Zeit wird bald abgelaufen sein, ein Verbessern kann nicht mit dem Tempo der Veränderung mithalten, schon jetzt sind chinesische Kopien von Maschinen und Produkten nicht nur dreist, sondern auch gut, da ist es nur noch ein kleiner Schritt zu eigenen Entwicklungen.

Um sich in diesem Wettbewerb behaupten zu können, wird eine Verbesserung bald nicht mehr ausreichen, gefragt ist Innovation und radikale Veränderung. Nach James Utterback[3], Professor of Management and Innovation am MIT, ist die Geschichte voll von Unternehmen, die einfallslos auf den sich vollziehenden Wandel reagiert haben. Zum Beispiel haben mit der Entdeckung des elektrischen Lichts die Gaslichtproduzenten ihre Produktivität so weit verbessert, dass es ihnen gelang, einige der Pioniere an die Wand zu drücken und dennoch werden heute unsere Straßen elektrisch beleuchtet. Oder die Reeder der großen Segelschiffe, die bis 1890 den Welthandel dominierten, heute würde man sagen, einen nachhaltigen Wettbewerbsvorteil besaßen. Mit dem Aufkommen der Dampfschiffe versuchten sie ihre Segler immer weiter zu optimieren, es wurden Vier-,

Fünf-, sogar Siebenmaster gebaut, bis hin zu dem Giganten Thomas W. Lawson, der im Sturm nicht mehr steuerbar war und sank. Alles Geschichte, mitnichten, ich habe es selbst erlebt, ich war als Trainer und Berater für die BASF Magnetics tätig, dem weltgrößten Hersteller von Magnetbändern, diese war aus der AGFA hervorgegangen, in den 90er Jahren wurde versucht durch ständige Verbesserungen, bei noch schneller fallenden Gewinnmargen zu überleben. Grund war das Aufkommen digitaler Speichermedien wie CD oder DVD. Schließlich wurde aus der BASF Magnetics: EMTEC Magnetics, diese wurde von RMG übernommen und diese wiederum von der französischen Pyral, 2012 wurde die Produktion eingestellt.

Dabei machen die Unternehmen nichts falsch, sie sind kundenorientiert, führen ständige Verbesserungen durch, investieren in Innovationen mit den besten Gewinnaussichten und dennoch büßen sie ihre Spitzenposition ein. Das Vermeiden des Falschen ist noch nicht gleichzusetzen mit dem Tun des Richtigen, aber was ist das Richtige, heute und in Zukunft – wir wissen es nicht. »Hic sunt dragones«, da sind sie wieder die weißen Flecken auf der Karte der zukünftigen Entwicklung.

Eines scheint sicher, nach dem »Industriellen Zeitalter«, begann in der westlichen Welt in den 70ern die sogenannte Immaterielle oder Postmaterielle, die einen nennen es Informationszeitalter, die anderen Kommunikationszeitalter, andere wiederum Servicezeitalter, auf jeden Fall beherrschten und beherrschen diese drei Themen unsere, vielleicht auch die kommende Entwicklung, wenn auch in einem bisher ungeahnten Maße.

Die Pole Stillstand und Dynamik bestimmen die politische, intellektuelle und kulturelle Landschaft. Unsere Einstellung zu diesen beiden Polen sagt etwas aus über uns als Individuen und als Gesellschaft – bevorzugen wir Dynamik und begreifen wir Fortschritt als fortdauernden Evolutionsprozess oder streben wir nach Statik und Kontrollen. Der Futurist, Autor, Dozent und Filmemacher Joel Bakker[4] unterscheidet in diesem

Zusammenhang drei Kategorien von Menschen, da wären zunächst die Paradigmen-Veränderer, Personen, die in der Lage sind unsere Denkmuster zu verändern, sie sind die mentalen Vorreiter von Veränderungsprozessen. Nach den Paradigmen-Veränderern kommen die Pioniere, sie sind die ersten, die neue Denkmuster umsetzen, neue Technologien auf den Markt bringen, neue Methoden anwenden. Schließlich die Siedler, sie ziehen den Pionieren hinterher bzw. springen auf den fahrenden Fortschrittszug auf, wenn kein Risiko mehr besteht.

Jede Phase des Übergangs ist turbulent und chaotisch, je größer die Turbulenz, umso weniger ist für Trittbrettfahrer zu holen. Das ist eine Zeit für Paradigmen-Veränderer, die Neues denken und Pioniere, die diese technischen, organisatorischen Neuerungen umsetzen – Innovation, ganz im Schumpeterschen Sinn.

Jetzt ist so eine Zeit, Tom Peters sagt dazu: »besonders oder ausgesondert!«

Zeiten des Übergangs bringen immer auch Ängste mit sich, denn in diesen Turbulenzen wissen wir nicht, wo die Reise hin geht, steigen wir auf oder ab?

Vieles spricht dafür, dass wir eine Phase neuen Aufschwungs erleben werden, allerdings wird diese von völlig anderer Qualität sein. In der wirtschaftlichen Entwicklung werden sich einige bestehende Trends noch verstärken, so wird das Thema Information und Informationstechnologie noch mehr an Bedeutung gewinnen. Mobile Computer, das Internet und Cloud Computing beginnen die industrielle Entwicklung entscheidend zu verändern und machen auch vor der Bürowelt nicht halt. Eingebettete Kleinstcomputer ermöglichen es, dass Produkte und Maschinen selbstständig Informationen austauschen. Der Fertigungsprozess wird damit dezentral und dynamisch gesteuert.

Ein Beispiel: Ein Unternehmen bestellt 1000 Notebooks zum frühestmöglichen Zeitpunkt. Dann verzögert sich die Lieferung, wegen eines Taifuns im Südchinesischen Meer. Das

Computersystem des Anbieters checkt alle Lagerbestände, die im näheren Umfeld des Bestellers liegen und stellt fest, das nicht das bestellte Notebook aber ein geringfügig teureres (sagen wir 200,-€), aber auch leistungsstärkeres Modell verfügbar wäre. Der Computer macht daraufhin dem Besteller das Angebot, das größere Modell fristgerecht zu liefern und zwar mit einem Rabatt von 90,-€. Das ist keine Zukunftsmusik, sondern schon Realität, hätte aber vor 10 Jahren noch die Einbeziehung mehrerer Managementebenen erfordert. Und was für ein krasser Gegensatz zu Unternehmen, in denen die Entscheidung, ob einem Stammkunden bei einer Reklamation statt 20 Prozent ein 50-prozentiger Rabatt eingeräumt wird, noch über mehrere Managementebenen hinweg getroffen beziehungsweise abschlägig beschieden wird – so habe ich es selbst erlebt und das bei einem Autoherstelle im Premiumbereich.

Welches Produkt gehört in die Verpackung? Wie muss ein Rohling bearbeitet werden? Welche Maschine bearbeitet das Teil als nächstes? Im Zeitalter der Industrie 4.0 geben die Produkte selbst die Antwort und informieren die Maschinen, was mit ihnen passieren soll. Die Produkte tragen Barcodes oder RFID-Chips auf der Oberfläche, die entsprechende Informationen enthalten. Scanner und Computer lesen die Daten aus, übermitteln sie online weiter – und sorgen dafür, dass die Maschinen richtig agieren und interagieren.

Wie gesagt, diese Entwicklung macht an den Werkstoren nicht halt, es verändert sich die gesamte Produktionslogistik entlang der Liefer- und Wertschöpfungskette, bis zu Marketing, Service und Verwaltung.

Tom Peters beschreibt in seinem Buch *Re-Imagine*, dass Dell lediglich 10-Quadratmeter benötigt, um Ersatzteile für eine neue Computerbaureihe zu lagern, obwohl täglich ca. 8000 individuell konfigurierte Geräte die Werkshallen verlassen: Das gelang nur, weil Dell seine erweiterte Lieferkette von jeglichem bürokratischen Ballast befreite.

Bauteile in Fahrzeugen können künftig so ausgestattet sein, dass sie kontinuierlich Daten über ihren Zustand sammeln und mitteilen können, wenn ein Austausch nötig wird – und das, bevor es zum Ausfall kommt. Das Bauteil sendet selbstständig eine Nachricht an den Hersteller, dass Ersatz gefertigt werden muss. Die Rückmeldung enthält neben genauen technischen Angaben auch die Information, wohin das Bauteil anschließend versandt werden muss. Beim Lieferanten konfigurieren die Maschinen sich selbst so, dass das passende Teil gefertigt wird und schicken es schließlich auf die Reise an den richtigen Zielort. Ein entsprechender Wartungstermin ist dann bereits vereinbart – auch darum hat sich das Fahrzeug »gekümmert«.

Klassische, vor allem Routinebürotätigkeiten gehören immer mehr der Vergangenheit an, sie werden von einem Mikroprozessor für 500,-€ übernommen.

Der Wandel ist schmerzvoll und hart, er vollzieht sich mit ungeheurer Wucht und er lässt sich nicht aufhalten, aber er bietet auch riesige Chancen!

Ein treffendes Beispiel findet sich bei Tom Peters[5]: Es bedurfte 108 Docker, um im Jahr 1970 einen Holzfrachter zu entladen. Diese brauchten dafür 5 Tage, alles in allem 540 Manntage. Dann hielt der Container Einzug, heute 45 Jahre später braucht man im selben Hafen, am selben Liegeplatz nur noch 8 Mann und einen Tag, das sind 8 Manntage, außerdem verrichten diese Mitarbeiter kaum noch körperliche Arbeit. Das bedeutet, schwere körperliche Arbeit wurde um 98,5 Prozent reduziert. Heute erleben wir ähnliche Effekte auch bei klassischen Bürotätigkeiten. Der heutige Vice President von Intermec und HP-Veteran über HP: »Wir maximieren unser intellektuelles Eigentum, die Arbeit lagern wir aus.«

Wenn wir genug Paradigmen-Pioniere haben und diesen ausreichend Freiräume geben, hat Deutschland gute Chancen in dem entbrennenden Wettbewerb zu bestehen. Bei uns finden sich die führenden Fabrikausrüster und stark im Bereich eingebettete Systeme. Es kommen mir allerdings Zweifel, ob wir über ausreichend Paradigmen-Pioniere verfügen werden, laut einer in der *Wirtschaftswoche* veröffentlichten Studie des Beratungsunternehmens Universum Communication sehen nur noch 24 Prozent aller Studentinnen und Studenten eine unternehmerische bzw. kreativ/innovative Tätigkeit als Karriereziel, 2008 waren es noch 30 Prozent – willkommen im Staat der Siedler und Trittbrettfahrer.

Die Flexibilität der Fertigung wird in der Industrie 4.0 noch mehr zunehmen, Abläufe werden noch transparenter, die Unternehmen behalten jederzeit den Überblick und können sich Veränderungen und Störungen ad-hoc anpassen, siehe das Beispiel von Dell.

Im Zeitalter der Industrie 4.0 entscheiden die Maschinen individuell über die Produktion, wann welches Produkt hergestellt wird, wie es lackiert wird. Umprogrammieren ist nicht nötig, ebenso wenig die Festlegung ausgewählter Arbeitsschritte. Auf diese Weise kann schnell auf Kundenwünsche reagiert werden, selbst die Einzelproduktion kann so rentabel sein.

Es bieten sich vielfältige Anknüpfungspunkte für neue Geschäftsmodelle, insbesondere für innovativen Service. Ich werde auf diese Thema unten noch näher eingehen.

Die vierte industrielle Revolution wird auch die Arbeit revolutionär verändern, einerseits eröffnen sich den Mitarbeitern neue Spielräume, indem die Arbeit genau auf die Möglichkeiten des Einzelnen zugeschnitten wird, andererseits erfordert Industrie 4.0 auch eine revolutionäre Führung, denn ein hierarchisches Unternehmen, in dem die Mitarbeiter auf Anweisungen warten und Papiere auf den Schreibtischen irgendwelcher Hierarchen verstauben, kann nicht nach den Regeln der Industrie 4.0 funktionieren. Es gibt nur wenige Verhaltensregeln und noch weniger Autoritätsstrukturen im vernetzten Unternehmen, jeder kann mit jedem zu jeder Zeit offen kommunizieren. Nach herkömmlichen Standards ist das vernetzte Unternehmen »außer Kontrolle«, revolutionär führen bedeutet auch, Kontrollverlust als Realität anzuerkennen. Kjell Nordström und Jonas Ridderstråle dazu in *Funky Business*[6]: »IT ermöglicht totale Transparenz. Menschen mit Zugang zu relevanten Informationen beginnen jede Art von Autorität in Frage zu stellen. Der dumme, treue und bescheidene Kunde, Angestellte und Bürger ist tot.« Dazu später mehr.

In Deutschland arbeiten jetzt schon dreiviertel aller Beschäftigten im Dienstleistungsbereich, ebenso groß ist auch die Wertschöpfung, die dieser Bereich heute schon erbringt. Vielleicht ist diese Zahl sogar irreführend, denn ein großer Teil der Menschen, die dem Fertigungssektor zugerechnet werden, haben mit Produktion im engeren Sinne wenig zu tun. Der Anteil innovativer, wettbewerbsfähiger und qualitativ hochwertiger Serviceleistungen wird sich unter dem Einfluss der Industrie 4.0 noch erhöhen. Ich meine damit Serviceanbieter, die nicht nur selbst Wachstumspotenziale erschließen, sondern auch ihren Kunden zum mehr Produktivität und Innovation verhelfen. Ich meine damit nicht die Zunahme irgendwelcher Jobs im Niedriglohnsektor. Diese Entwicklung wird ganz andere Anforderungen an die Leistungsfähigkeit und vor allem Serviceorientierung der Mitarbeiter stellen. Worin besteht der Unterschied zwischen dem 25-köpfigen Kader einer Bundesligamannschaft und einer Finanzabteilung? In der Fußballmannschaft sind selbst die Ersatzspieler noch Spitzenklasse, warum nicht auch in der Personalabteilung?

Im Service wird sich die reine Dienstleistung hin zu integrierten Lösungen entwickeln, das heißt man erklimmt die Wertschöpfungskette, indem man Beratungsdienstleistungen in das Produktangebot einbindet oder eher umgekehrt, man bindet in eine Beratungsdienstleistung das eigene Produkt ein. So wird aus Service eine »Lösungswirtschaft«. Oder man geht noch einen Schritt weiter. Um sich in einer Welt hervorzutun, in der alles vorhanden ist und alles nahezu reibungslos funktioniert, in einer Überflussgesellschaft in der, wie es Kjell Nordström und Jonas Riddersträle es ausdrücken, immer mehr ähnliche Firmen mit ähnlichen Leuten ähnliche Produkte anbieten, ist es überlebenswichtig damit aufzuhören, normal zu sein. Das Zauberwort heißt hier Erlebnis. Tim Sanders, ehemals Executive bei Yahoo, beschreibt die Entwicklung sehr plastisch[7]: 1940 – Rohstoff-Wirtschaft. Die Großmutter kauft für 1 $ Mehl, Zucker und Eier, aus diesen »Rohstoffen« backt sie einen Geburtstagskuchen. 1955 – Waren-Wirtschaft. Die Mutter nimmt eine vorgefertigte Backmischung für 6 $ und stellt daraus den Kuchen her. 1970 – Dienstleistungs-Wirtschaft, Backwaren sind inzwischen für alle bezahlbar, die Mutter kauft deshalb für 10 $ einen professionell gebackenen Kuchen. 1990 – Erlebnis-Wirtschaft, mittlerweile ist der Vater für die Geburtstage der Kinder zuständig, das Kind wünscht sich eine Geburtstagsparty bei Chuck E. Cheese, Pizza Hut oder wem auch immer und will alle Freunde dazu einladen. Der Vater spendiert 100 $ für dieses »Erlebnis«.

Diese Entwicklung hat Auswirkungen auf die Mitarbeiterführung, weil nur Spitzenmitarbeiter Spitzenleistungen für die Kunden erbringen, weil nur Spitzenmitarbeiter dem Kunden ein »Erlebnis« vermitteln können, weil Mitarbeiter lieber zu den Web-Freaks gehören wollen, als zur Computer und Elektro GmbH.

Ich moderierte einmal einen Workshop, bei dem es nach einer Umstrukturierung darum ging, das gemeinsame Projekt zweier Abteilungen voranzubringen, welches offensichtlich in einer Sackgasse gelandet war. Es wurden das Problem definiert, Ursachen analysiert und schließlich Lösungsmöglichkeiten gesammelt. Als es dann darum ging einen Tätigkeitskatalog zu erstellen und für die einzelnen Veränderungsschritte die Zuständigkeiten festzulegen, wollte der anwesende Bereichsleiter die weitere Diskussion mit den Worten »die aufgelisteten

Schritte bedürfen wohl keiner weiteren Diskussion, es handelt sich ja nur um Kommunikationsprobleme« beenden. Nur Kommunikationsprobleme? Die Deutsch-Französische Brigade, dazu der NDR[8]: »Ein weiteres Problem ist, dass es keine gemeinsame Grundausbildung gibt. Deutsche und Franzosen konnten sich bis heute, 25 Jahre nach Gründung des Verbandes, nicht auf einen gemeinsamen Ansatz verständigen. Die Ausbildung der Soldaten orientiert sich weiterhin an den eigenen nationalen Anforderungen.« Nur ein Kommunikationsproblem! Neuverteilung der Flüchtlinge innerhalb der EU – nur ein Kommunikationsproblem! Verkauf und Innendienst – nur ein Kommunikationsproblem! Dieses Problem ist, wie es Tom Peters treffend ausdrückte, DAS PROBLEM!

Kommunikation wird noch mehr eines der Schwerpunktthemen revolutionärer Führung werden – Kommunikation ist die Seele des Verkaufs und Führungskräfte müssen mehr denn je Verkäufer sein! Dazu mehr im Kapitel »Bedeutung, Geschichten, Vorbilder«.

Worum es immer geht, ist die Grundlage von Macht, Herrschaft und Führung, ob in einer Nation oder einem kleinen Projektteam. Es geht darum, ob es Ziel ist, bestehende Prozesse effizienter zu gestalten und besser zu steuern – ODER: Kontrolle, oder bestehende Prozesse in Frage zu stellen, auf einer ganz anderen Ebene zu denken und neu zu erfinden. Es geht um neue Möglichkeiten Unternehmen zu strukturieren, um neue Möglichkeiten zu interagieren, um neue Möglichkeiten Handel zu treiben, um neue Möglichkeiten zu erkennen und zu nutzen …

Macht und Herrschaft wurden bisher immer den hierarchisch höher Stehenden zugesprochen. Doch die Verhältnisse ändern sich gerade grundlegend: »…es wird nur wenig Verhaltensregeln und noch weniger fest gefügte Autoritätsstrukturen geben«, sagt der US-amerikanische Redner, Autor und Philosoph David Weinberger[9].

Die Machtverhältnisse in Unternehmen sind dabei sich zu verschieben, es verschwimmen die Grenzen zwischen Unternehmen und Markt, Mitarbeitern, Kunden und Lieferanten. Hierarchische Organisationen, leistungsfähig, wenn es um das Regelhafte geht, sind mit dem Besonderen dieser Situation überfordert. Aber Wertschöpfung geschieht immer mehr in Ausnahmesituationen nicht in Standardabläufen, immer mehr in einer »metaphysischen Welt«, danach wir der Markt lechzen, an Produkten herrscht kein Mangel, so Jesper Kunde[10].

Im Zeitalter der Massenproduktion standen Planung und Planbarkeit im Fokus der Unternehmen, daher auch die verbreitete Vorliebe für Produktionstechnik, Managementtechnik, Führungstechnik – doch diese Ansätze funktionieren nur noch eingeschränkt. Das Unternehmenskapital findet sich immer weniger in Anlagen und Maschinen, sondern in den Köpfen der Mitarbeiter. Geht der Mitarbeiter, dann geht ein wichtiger Teil des Unternehmenskapitals. Der ehemalige CEO von Intel Andrew Crove: »Wir müssen bitter erfahren, was es heißt, wenn uns wichtige Köpfe verlassen.«

Auf den Punkt!

- Eine Zeit des dramatischen Wandels.
- Alles ist offen.
- Eine Phase exponentiellen Wachstums.
- Eine Revolution im Führungshandeln.
- Unternehmen und Organisationen neu erfinden.
- Megakommunikation.
- Information – Kommunikation – Service.
- Routinebürotätigkeiten verschwinden.
- Zeit für Paradigmenveränderer.
- Wertschöpfung folgt nicht mehr Standards.
- Das Unternehmenskapital findet sich in den Köpfen der Mitarbeiter.

2 Revolutionär, nicht evolutionär Führen

KLAGE – Was sollen wir bloß tun ...

Diese turbulenten und manchmal verrückten Zeiten lassen uns nach einfachen Rezepten suchen, so kommen wir schnell auf Anweisungen und banale Ziele zurück, doch das verträgt sich absolut nicht mit der Art, wie dynamische Führungskräfte heute handeln sollten.

Wir ziehen uns auf die Vorstellung eines Vorgesetzten zurück, der gegen geduldige Anpassung und Gehorsam die richtigen Antworten weiß und uns mit Erfolg und Gewinnen belohnt. Aber in einer Welt, in der Wertschöpfung eine Formel aus Kreativität x Initiative ist, müssen Führungskräfte alte Führungsmodelle über Bord werfen und Freiräume, Offenheit und ständige Erneuerung ersetzen.

Führen bedeutet Weitergabe der Flamme und bewahren der Asche. Dazu gehört auch, Bewährtes zu erhalten und zu pflegen. Aber Beständigkeit erweist sich heutzutage allzu oft als ein verheerender Trugschluss, deshalb müssen Führungskräfte den Status-quo immer wieder infrage stellen, neue Herangehensweisen praktizieren und auch bei diesen darauf achten, dass sie nicht verstauben.

TRAUM – Ich glaube ...

... dass Mitarbeiter immer wieder neue Möglichkeiten finden werden, überkommene Prozesse und Vorgehensweisen ihres

Unternehmens umzugestalten. Sie werden sich für Ihre Idee begeistern und selbst gegen Widerstände und Zweifel immer weiter daran arbeiten.

... dass die von ihrer Idee besessenen Mitarbeiter zu guter Letzt ein Team von ebenso fanatischen Unterstützern finden werden.

... dass solche Mitarbeiter am Ende ihrer Abenteuerreise feststellen werden, dass sich ihr ursprünglicher Ansatz deutlich von ihrem Ergebnis unterscheidet. ABER dass ihnen mit ihrer Anstrengung noch etwas viel Größeres, Abgefahreneres gelungen ist.

... UND dass ihre Führungskraft nichts anderes getan hat, als Leistung zuzulassen!

Gegensätze!

Bisher	In Zukunft
Vertraute logische Werkzeuge	Verzicht auf Werkzeuge
Führungsinstrumente	Das wirkliche Leben
Aufgabenerfüllung wichtigste Führungsaufgabe	Mitarbeiterauswahl und Mitarbeiterförderung als wichtigste Führungsaufgabe
Gähnende Langeweile auf Hochglanzpapier	Große alles überragende Visionen
Zwang und Anreize	Neugier, Freude am Tun, Willen zum Erfolg
Incentives und Belohnungen	Spannende Aufgaben, Tätigkeiten und Projekte
Bürokratische Rasenmähermethoden	Coole Demos, begeisterte Pilottester
Vier Augengespräch	Offene Fehlerdiskussion
Fehlervermeidung	Versuch und Irrtum
Antworten	Fragen
Sichere banale Ziele	Risiken
Zuständigkeiten	Veränderungsmakler und Mutmacher
Risikominimierung	Kreative Zerstörer
Führung als Lebensaufgabe	Führung auf Zeit

Quelle: Fotolia

In chaotischen, unübersichtlichen oder schwierigen Zeiten greifen Führungskräfte, wie die meisten Menschen auch, auf einfache Erfahrungsmodelle und Instrumente zurück, einfache Erklärungen für komplexe Sachverhalte, einfache, logische Instrumente für komplizierte Probleme, das kennen wir doch alle. Die US-Kavallerie hatte dafür früher sogar eine gesonderte Dienstanweisung: Im Zweifel galoppieren.

Schwierige Zeiten bedeuten aber auch ein neues Spiel, mit keinen, beziehungsweise wenigen und wenn, dann aber auf jeden Fall neuen Regeln, bei dem die vertrauten, logischen Werkzeuge vielleicht zu einem Desaster führen und nicht zu einer Lösung. Von welchen Werkzeugen spreche ich? Die Bandbreite ist groß, sie reicht von der allgemein verbreiteten Leistungsbeurteilung,

der immer noch (bei Führungskräften und vor allem Persona-
lern, nicht bei Mitarbeitern) beliebten Leistungszulage, bis zur
statistischen Potenzialanalyse und so weiter. Man fühlt sich an
ein in vielen Ländern bekanntes Zitat erinnert: »Der Weg in die
Hölle ist mit guten Vorsätzen gepflastert.« Ebenso verhält es sich
mit vielen Führungsinstrumenten, die sollten Führung verbessern und vor allem vereinheitlichen, führten in der Regel aber
nur zu einer Bürokratisierung und technokratischen Erstarrung
der Führung. Patricia Pitcher, Unternehmensberaterin und
Professorin an der École des Hautes Études commerciales, kam
spontan die Frage »Where is the beef?« in den Sinn, als sie die
Vorträge ihres großen Mentors Henry Minzberg[11] hörte – Das
ließe sich in etwa so übersetzen, dass die Frage ist, was hinter
diesen vielversprechenden Modellen steckt? Bilden sie auch das
wirkliche Leben ab? Denn es ist unerlässlich, dass das wirkliche
Leben wieder in die Führung Einzug hält, wenn wir in chaotischen, unübersichtlichen Zeiten bestehen und vor allem Spitzenleistungen erbringen wollen. Der Verzicht auf obige Instrumente
bedeutet nicht, auf jegliche Antwort zu den Zukunftsfragen in
Sachen Führung zu verzichten, sondern lediglich den Verzicht
auf Werkzeuge, die in einer unergründlichen, instabilen und
überraschenden Businesswelt ihren Nutzen verloren haben.
Schaue ich auf meine vielen Jahre als Trainer, Coach und Berater
zurück, bezweifle ich bei einigen dieser »altbewährten« Mittel
allerdings, ob sie jemals einen Nutzen hatten, dazu aber später.

Ob Führung erfolgreich ist, hängt ganz von den Geführten ab,
denn das Unternehmen unternimmt nur so viel, wie die Menschen, die darin tätig sind.

Daniel Barenboim wurde einmal gefragt, was ein Dirigent eigentlich so macht, seine spontane Antwort: »Meistens das Orchester
kaputt!«

Das stellt die bisherige Annahme, dass die Leistung der Mitarbeiter in der Hand der Führungskraft liegt, auf den Kopf. Es ist

eben nicht so, dass die Leistungsbereitschaft jedes einzelnen Mitarbeiters im Wortsinne herbeigeführt werden kann. Vielmehr ist es so, dass Unternehmen, wie auch Orchester, aus motivierten und qualifizierten Mitarbeitern bestehen, die von sich aus gewillt und befähigt sind, Spitzenleistungen zu erbringen. Ist das nicht so, ist sehr wohl die Führungskraft dafür verantwortlich. Im Jahr 2014 kamen Ciro Immobile und Adrian Ramos für zusammen 28,2 Mio. Euro zum BVB, die Saison verlief für Dortmunder Verhältnisse desaströs, zuletzt gerade noch mittelprächtig. Was war die Folge, Jürgen Klopp »musste« gehen. Lässt ein Orchester in seiner Leistung nach, feuert man den Dirigenten und nicht die erste Geige. Warum? In einem Unternehmen, wo es in erster Linie auf Talent und Kreativität ankommt und in Zukunft wird es fast nur noch auf Talent und Kreativität ankommen, gehen Misserfolge auf das Konto der Führungskraft! Unter einer Bedingung: Die Führungskraft hat die Mitarbeiter selbst ausgewählt, eingestellt, trainiert, gemanagt. Dann trägt sie auch die Verantwortung, wenn diese die Erwartungen nicht erfüllen. Das heißt Mitarbeiterauswahl und Mitarbeiterförderung sind die zentralen Führungsaufgaben in einem talentbestimmten Unternehmen.

Und was ist mit den Low-Performern und den Mittelmäßigen? Nun, dazu gibt es zunächst zwei Dinge zu sagen: Erstens 90 Prozent aller Mitarbeiter kommen in ein Unternehmen und wollen einen guten Job machen. Leider schaffen es die Unternehmen, die Chefs, die Führungskräfte, die Organisation nur allzu oft, ihnen diese Motivation zu nehmen. Zweitens ist die Zeit gekommen, zur Mittelmäßigkeit »nein« zu sagen, Mittelmäßigkeit ist etwas für mittelmäßige Zeiten, wir leben aber in keinen mittelmäßigen Zeiten, heute ist ganzer Einsatz gefordert. Worauf es ankommt, ist, den Mitarbeitern tatsächlich die Möglichkeit zu geben Spitzenleistungen zu erbringen. Ihnen mit Leidenschaft Ziele zu vermitteln, nennen Sie es ruhig Visionen, die so groß sind, dass diese noch über die Hindernisse hinweg, die sich auf dem Weg dahin befinden, sichtbar sind. Wenn ich mir aber das ansehe, was Unternehmen als ihre Vision ins Netz stellen oder auf Hochglanzpapier drucken, dann kommen mir so meine Zweifel. Was mir dort entgegenschlägt, ist gähnende Langeweile. Wenn Sie langweilig sind, ist es ihr Unternehmen, ihre Abteilung auch – Punkt!

Wenn es überhaupt möglich ist, Mitarbeiter zu beeinflussen, dann durch das, was wir sind und was wir tun. Führung ist nicht der Einsatz von Instrumenten, sondern das Vermitteln einer Einstellung. Führung ist keine Anwendung irgendwelcher Techniken, sondern initiieren von Bewusstseinsprozessen. Führung ist Geschichten erzählen, gelebte Leidenschaft, aktives Zuhören, Menschlichkeit, Erlebnisse, Respekt und Einfühlungsvermögen.

Mittelmäßigkeit ist leicht zu haben, dafür genügen Geld und gute Worte oder auch Drohungen. Spitzenleistungen aber, und auf die kommt es in Zukunft an, resultieren weder aus Zwang noch aus Anreizen, sondern allein aus dem eigenen Antrieb, aus Neugier, aus Freude am Tun und aus dem Willen zum Erfolg.

Ein Beispiel: Die Pizza-Hut-Kette verwirklicht seit den 80er Jahren eine Idee. Ihr erklärtes Ziel ist es, Kinder, die schlecht und ungern lesen, zu Lesefreunden zu machen. Deshalb wurde nach entsprechenden Incentives gesucht. Es wurden zehn leicht lesbare und dünne Bücher entwickelt und jedem Buch wurde ein Quiz beigelegt. Wer das Buch las und die Quizkarte ausgefüllt bei Pizza Hut abgab, erhielt Bonus-Punkte. Auf diese Weise war es möglich, sich Pizza zu »erlesen«. Das erinnert doch alles sehr an bekannte Bonusprogramme in Unternehmen, an Prämien und Anreizsysteme. Wenn man wissen will, ob und wie diese funktionieren, sollte man sich das Pizza-Hut-Book-it-Programm genauer ansehen. Wie viele Kinder haben Ihrer Meinung nach bei dieser Aktion mitgemacht? Haben überhaupt welche mitgemacht? Wenn Ihnen jetzt schon ein »Nein« in den Sinn kommt, dann müssen Sie hinreichend Erfahrung mit derartigen Incentives haben. Doch es haben viele tausend Kinder mitgemacht, bis heute. Aber haben die Kinder die ganze Buchreihe gelesen? Sicher wird es einige gegeben haben, die versucht haben zu mogeln, aber die Masse der Kinder, die mitgemacht haben, haben die ganze Buchreihe gelesen. Waren alle Bücher einfach genug, so einfach, dass sich auch die Zielgruppe der leseschwachen Kinder beteiligen konnte? Auch das traf ohne Zweifel zu. Was denken Sie, haben es viele Kinder geschafft alle 10 Bücher zu lesen? Auch das stimmt. Nun aber zur entscheidenden Frage, war das Programm erfolgreich? Es kommt darauf an, für Pizza-Hut auf jeden Fall, der kommerzielle Erfolg war riesig, aus der begrenzten Aktion wurde eine ganze Bewegung, an der sich Eltern, Schulen, Gruppen und Sozialarbeiter beteiligten. Ob das Programm aber für die Kinder gut war, darf man bezweifeln. Das Ergebnis sind noch mehr fette, nicht lesende Kinder, wie der amerikanischer Autor Alfie Kohn es bezeichnet hat. Warum? Nun, Kinder, die vor dem Programm recht gern lasen, begannen nun, die kurzen, bunt bebilderten Pizza-Hut-Bücher ihrer früheren Lektüre vorzuziehen. Nach der vorläufigen Beendigung des Programms lasen die Kinder dann nur noch wenig. Mit anderen Worten, erst lasen die Kinder, weil es ihnen Spaß machte, dann nur noch für Pizza. Die leseschwachen Kinder wurden durch das Programm auch nicht lesefreudiger, sondern lasen eben nur für Pizza Bücher.

Das zeigt den großen Irrtum aller Bonusprogramme, sie funktionieren nicht oder nur einseitig. Nun mag man einwenden, es handelt sich um einen sehr speziellen Fall, aber dieser demonstriert gut, wie solche Programme am Ziel vorbei schießen. Ich habe es selbst erlebt. In einem multinationalen Konzern wollte man im Bereich Technik zwei Fliegen mit einer Klappe schlagen. Erstens die Gehaltsstrukturen anpassen, denn es gab für die gleiche Tätigkeit unterschiedliche Gehaltssysteme, und die übergreifende Teamarbeit fördern, denn man hatte festgestellt, dass bei Akkordarbeit jeder Mitarbeiter zu sehr nur auf seinen Akkordsatz, seine Arbeit schaut, ohne auf die nachfolgenden Gewerke Rücksicht zu nehmen. Aus diesen Gründen wurde die Akkordarbeit abgeschafft und durch ein Beurteilungssystem mit Bonuszahlungen ersetzt. Jeder Mitarbeiter wurde von seinem Vorgesetzten nach verschiedenen Gesichtspunkten eingeschätzt und erhielt eine Gesamtbewertung A bis E. A stand für »Anforderungen werden bei Weitem übertroffen« und E stand für »Anforderungen werden mit erheblichen Einschränkungen erfüllt«. Die Hoffnung bestand nun darin, dass es beispielsweise einem »C-Mitarbeiter« ein Ansporn sei, B oder A zu werden. Das Ergebnis sah aber ganz anders aus. Bei besonderen Aufgaben bekamen die Führungskräfte zu hören: »Warum soll ich das machen, ich bin nur ›C‹, das kann auch Müller tun, der ist ›B‹.«

Es gibt keine glaubwürdigen Daten für den Erfolg von Incentives, Belohnungs- und Anerkennungssystemen, aber jede Menge Daten, die belegen, dass diese das Gegenteil von dem bewirken, was sie erreichen sollen. Häufig fördern diese Systeme interne Konkurrenz, ermöglichen die Profilierung weniger und untergraben die Teamarbeit.

Was soll man aber tun, um den Anforderungen an moderne Führung in unsicheren Zeiten gerecht zu werden? Als Erstes schmeißen Sie all diese »schönen« Systeme über Bord. Adobe, Google, Microsoft, Accenture gehören zu den 6 Prozent Fortune 500 Unternehmen, die sich von nahezu allen gängigen Führungsinstrumenten verabschiedet haben. Bei ihnen gibt es keine jährlichen Mitarbeitergespräche zur Leistungs-Evaluierung mehr.

Setzen Sie vielmehr auf coole Demos, wie es Tom Peters nennen würde. Das heißt, wenn Sie eine tolle Idee haben, bilden Sie eine Projektgruppe und probieren Sie das Ganze erst einmal aus. Dazu benötigen Sie Daten, Anschauungsmaterial und begeisterte Pilottester. Legen Sie die bürokratische Rasenmäher-Methode ad acta, bei der dem Gesamtunternehmen die Segnungen einer neuen Idee verordnet werden, bis man merkt, dass es nicht funktioniert. Dann verschlimmbessert man an der Idee so lange herum, bis es irgendwie geht. Das Problem, auf diese Weise wird die Umsetzung zwar weniger schlecht aber nie richtig gut. So auch bei dem von mir genannten Beispiel. Ich glaube das Leistungsbeurteilungssystem hat inzwischen die dritte oder vierte Überarbeitung erfahren, richtig gut wird es nicht, nur eben weniger schlecht.

Wie es noch gehen kann, zeigt ein anderes Beispiel, kommen wir zum Pizza-Hut-Book-It-Programm zurück. Es hat gezeigt, dass auf diese Weise Kinder nicht zum guten Lesen zu bringen sind. Aber denken Sie an *Harry Potter*, immer wieder harrten Millionen Kids vor den Buchläden aus, wenn ein neuer Harry Potter Band erschien, sie lasen freiwillig die dicken Bände, obwohl sie vorher noch nie ein anderes Buch gelesen haben. Warum ist das so? Weil die Kids und viele Erwachsen mit *Harry Potter* erleben, was es heißt, wenn sich über das Buch vor ihnen eine andere Welt auftut, weil damit Abenteuer verbunden sind, weil es sie packt und mitreißt.

Verallgemeinert, nicht nur *Harry Potter* kann uns packen, auch Aufgaben, Tätigkeiten und Projekte können spannend und faszinierend sein. Machen Sie die Arbeit faszinierend, schaffen Sie Herausforderungen und gewähren Sie Freiräume für coole, verrückte Ideen.

Dabei kommt es zwangsläufig zu Misserfolgen und Fehlern, das ist sicher. Aber, betrachten Sie Fehler nicht nur als Sprungbrett der Hoffnung, sondern gehen Sie mit Fehlern auch anders um, als bisher üblich. Die Organisationsform in Zeiten der Industrialisierung 4.0 beruht auf vernetzten Prozessen. Um Probleme schnell lösen zu können, ist es in modernen Strukturen unerlässlich offen zu diskutieren. Das Gespräch über Fehler und Fehlerquellen gehört hier unbedingt dazu. Wenn in diesem Zusammenhang von Fehlern gesprochen wird, sind nicht nur technisch verursachte Schäden oder Pannen durch

Dritte, sondern auch Fehlentscheidungen, Fehleinschätzungen und Versehen der Beteiligten gemeint. Die Kommunikation darüber muss analytisch und rational erfolgen, Schuldzuweisungen, Rechtfertigungen etc. verlangsamen oder stören die Prozesse. Wie ist es im Augenblick aber darum bestellt? In einer aktuellen Studie gaben 88 Prozent der Führungskräfte an, Fehler der Mitarbeiter vertraulich, unter vier Augen anzusprechen, nur 11 Prozent taten dies in einer offenen Diskussionsrunde. Rückmeldung auf eigene Defizite bekamen Führungskräfte zu 54 Prozent ebenfalls unter vier Augen, zu 28 Prozent wurden diese von den Mitarbeitern ignoriert und nur zu 18 Prozent in einer offenen Diskussion angesprochen. Daraus lässt sich schließen, dass Fehlerdiskussionen in großer Runde immer noch als demütigend empfunden werden. Was nicht zu den Erfordernissen vernetzter Organisationen passt, ist die noch weit verbreitete Vorliebe Fehler (nicht Fehlverhalten) im Vier–Augen–Gespräch anzusprechen. Der konkrete Umgang mit Fehlern ist immer noch mit Scham behaftet und verhindert einen offenen Umgang und damit eine Wiederholung von Fehlern.

Betreiben Sie aktives Fehlermanagement, dass es möglich und erfolgreich ist, zeigen Firmen wie Toyota oder Hochrisikobranchen wie die Luftfahrt. In einer Kultur mit einem aktiven Fehlermanagement werden Fehler offen akzeptiert, analysiert und deren Quellen rational ausgeschaltet und damit künftig vermieden. Das Ziel einer solchen Kultur sind letztlich weniger Fehler, denn Fehler kosten Geld und schwere Fehler kosten viel Geld.

Fördern Sie die Fähigkeit mit Fehlern konstruktiv, nüchtern und sachlich umzugehen, statt eine 100-prozentige Fehlervermeidung anzustreben. In turbulenten Zeiten haben Sie nicht die besten Antworten, häufig gar keine Antworten, aber die besten Fragen, Fragen, die Mut machen auf Neues und vor allem auch Fehler zu machen. Wenn Sie Neues probieren, machen Sie Fehler, wenn Sie viel Neues probieren, machen Sie viele Fehler. Immer nach dem Prinzip »Versuch und Irrtum«, das funktioniert. Angst vor Gesichtsverlust oder Sanktionen führen zur Vertuschung von Fehlern und die Probleme bleiben bestehen bzw. verfestigen sich. Halten Sie Ihre Führungskräfte konsequent dazu an Fehler nicht zu sanktionieren. Leben Sie das Prinzip der Sanktionsfreiheit top-down vor. Schaffen Sie eine Kultur des offenen, kritischen Umgangs und machen Sie diese zu einem festen Bestandteil Ihrer Meetings. In einer solchen Atmosphäre bekommen Sie auch das, was in den Köpfen Ihrer Mitarbeiter vorgeht – Ideen, kompetente Sachvorschläge und Gestaltungswillen. Ganz wichtig, in einem solchen Prozess gibt es keine Verlierer. Mark Hume McCormack, US-amerikanischer Manager und der Wegbereiter des modernen Sportmarketings, brachte es auf eine einfache Formel: Sagen Sie mindestens einmal in der Woche zu Ihren Mitarbeitern »da habe ich Mist gebaut«, mit anderen Worten geben Sie Fehler offen zu, sagen Sie »ich weiß es nicht«, denn Sie haben, wie oben erwähnt Fragen, nicht die besten Antworten, sagen Sie »helfen Sie mir«, denn es ist ein erhebendes Gefühl für Mitarbeiter, als Spezialist ernst genommen und geschätzt zu werden.

Natürlich gibt es nicht »den Führungsstil«, den man sich in einem Seminar oder Coaching antrainieren und dann abspulen kann. Führungskräfte sind stur, flexibel, eitel, eloquent, bescheiden … Was Führungskräfte immer sein müssen, ist authentisch und die Geführten müssen ihnen folgen – freiwillig. Sie müssen von ihnen anerkannt werden, wenn sie Erfolg haben wollen. Führungskräfte brauchen die Akzeptanz ihrer Mitarbeiter! Der Stil ist der Mensch, ob eine Führungskraft richtig führt, hängt davon ab, ob ihre Art der Führung ihrem Wesen entspricht. Dann hat sie Aussicht, dass die Mitarbeiter ihrem Beispiel folgen, denn Kreativität, Innovation und Spitzenleistungen lassen sich nicht herbeiführen. Sie können als Führungskraft nur zu Tisch bitten – essen müssen die Mitarbeiter allein. Sie können deshalb nur von den Menschen Leistungen fordern, die von sich aus bereit und begierig sind, Leistung zu bringen.

Es ist aber problemlos möglich, vorhandene Leistungsbereitschaft zunichte zu machen, um bei der Metapher zu bleiben, es genügen nur wenige Veränderungen an der Tafel, dass einem der Appetit vergeht. Gut gemeinte Leistungsförderung wird so zur Demotivation. Eine der wichtigsten Führungsaufgaben ist deshalb die Führung der eigenen Person. Nur wenn die Führungskraft mit sich, ihren Ziele und Werten im Reinen ist und mit ganzem Herzen für ihre Sache brennt, kann der Funke der Leidenschaft auf die Mitarbeiter überspringen. Die Zeitschrift *Fortune* verglich die meistbewunderten Unternehmen mit den Verlierern und kam zu dem Schluss, dass die Verlierer alle eines gemein hatten, sichere, banale Ziele[12] (Jack Welch[13]). Sie minimierten Risiken, respektierten Zuständigkeiten, unterstützten den Chef und hielten das Budget ein. Springt da ein Funke über? Sicher nicht! Tom Peters empfiehlt in seinem Buch *Re-imagine* ins nächste Geschichtsbuch zu schauen, sich 50 Namen zu notieren, die Irren zu streichen (Hitler, Stalin ..) und die übrigen genauer anzusehen. Kolumbus. Luther. Kepler. Franklin. Watt. Mozart. Pasteur. Churchill. Disney. Scholl. Kennedy. Hat einer von ihnen jemals Risiken minimiert, Zuständigkeiten respektiert, den Chef unterstützt, das Budget eingehalten? Vermeiden Sie banale, mittelmäßige Ziele und Aufgaben. In chaotischen Zeiten sind Führungskräfte überflüssig, die Mitarbeiter dazu bringen wollen, das zu tun, das sie ohnehin schon tun. Vielmehr müssen sie Veränderungsmakler sein, die Mitarbeitern Mut machen, sich der Zukunft zu stellen, sie müssen kreative Zerstörer sein, sich und ihren Führungsbereich immer wieder neu erfinden. Führungskräfte benötigen einerseits Beharrlichkeit, wenn Sie lieber Leser sich nicht beim ersten Fehlversuch entmutigen lassen, aber auch nicht beim 31, und andererseits eine gehörige Portion Ungeduld mitbringen, dass Sie sich nicht mit dem Erreichten zufrieden geben und entschlossen sind etwas zu ändern. Verstehen Sie mich bitte nicht falsch, ich bin nicht für blinden Aktionismus, aber vor lauter Angst das Falsche zu tun, machen wir häufig unsere Prozesse langsam, innovationsfeindlich und kompliziert.

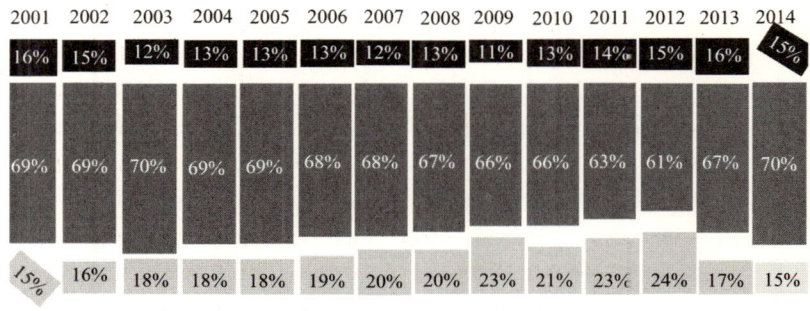

2001	2002	2003	2004	2005	2006	2007	2008	2009	2010	2011	2012	2013	2014
16%	15%	12%	13%	13%	13%	12%	13%	11%	13%	14%	15%	16%	15%
69%	69%	70%	69%	69%	68%	68%	67%	66%	66%	63%	61%	67%	70%
15%	16%	18%	18%	18%	19%	20%	20%	23%	21%	23%	24%	17%	15%

Engagement Index Deutschland im Zeitverlauf
nach Gallup Inc. 2015

Hohe Bindung

Geringe Bindung

Keine Bindung

Quelle: Lutz W. Eichler

In Unternehmen hat es sich inzwischen herumgesprochen, dass in Reklamationen von Kunden auch eine Chance steckt. Erstens gibt uns die Reklamation die Möglichkeit etwas zu ändern, häufen sich Reklamationen zu einem bestimmten Thema, besteht sogar dringender Reformationsbedarf, zweitens ist die Reklamation des Kunden auch ein Signal an uns, dass der Kunde seine Beziehung mit uns fortsetzen will – eine Binsenweisheit! Warum dehnen wir den Reklamationsbegriff dann nicht auf eine noch wichtigere Gruppe aus, auf die Mitarbeiter. Gallup veröffentlichte[14] die Ergebnisse einer Umfrage unter der Überschrift »Deutsche Arbeitnehmer ohne Leidenschaft«. In der Studie kommt Gallup zu dem Schluss, dass 70 Prozent der Mitarbeiter nur eine geringe emotionale Bindung an ihr Unternehmen haben, mit anderen Worten, sie sind nicht mit dem Herzen dabei, 15 Prozent haben gar keine emotionale Bindung an ihr Unternehmen, was auch bedeuten kann, dass sie durchaus bereit sind, ihr Unternehmen zu sabotieren. Die anderen 15 Prozent haben eine hohe Bindung an ihr Unternehmen und unterstützen seine gegenwärtigen Ziele und Methoden. Mein Vorschlag: Hören Sie auf die Dissidenten, die 70 Prozent haben bestimmt gute Gründe sich in ihrem Engagement zurückzuhalten. Noch mehr die 15 Prozent Saboteure und Aufrührer, nehmen Sie ihren Unmut ernst, sie sind ein Abbild der Realität ihres Unternehmens. Hören Sie ihnen zu, ändern Sie ihre Strategie. In der Zukunft wird sich der Krieg um die Talente noch verschärfen, Mitarbeiter sind dabei wichtige Marktbotschafter. Tun Sie auf diesem Gebiet nichts oder kümmern sich nur um die 15 Prozent Leistungsträger, dann haben Sie in diesem Krieg schon verloren. Übrigens wird in der Gallup-Umfrage von 2014 der bzw. die Vorgesetzte als einer der häufigsten Frustgründe genannt. Erfreulich ist aber auch, dass die Gruppe der total Unzufriedenen seit 2012 kontinuierlich abgenommen hat. Noch mal: Es geht um die Wahrung von Marktchancen, um Kreativität und Innovation, es geht nicht darum im Konzern irgendwie gut dazustehen. Ich begleitete die Tochter eines multinationalen Konzerns im Rahmen einer Mitarbeiterbefragung. Ein hoher Executive kam auf die Idee im Unternehmen ein Begleitteam zu installieren, das die Belegschaft einigermaßen repräsentativ abbilden sollte, es bestand aus Mitarbeitern aus der Linie, Team- aber auch Betriebsleitern. Die Aufgabe des Teams sollte sein, die Befragungsergebnisse qualitativ zu untersetzen, mit anderen Worten, zu kritischen Punkten Stimmen aus dem Unternehmen zusammenzutragen und den Führungskräften etwas im Nacken zu sitzen, wenn es darum ging, auf die Dissidenten zu hören, sicherzustellen, dass auch die kritischen Punkte besprochen und Veränderungen eingeleitet werden. Zugegeben, das Begleitteam war hin und wieder lästig und verursachte die eine oder andere Mehrarbeit. Nachdem der Initiator und Sponsor des Begleitteams eine Aufgabe in Asien übernahm, wurde schnell und konsequent gehandelt – komisch, auf einmal ging das. Das Begleitteam wurde abgeschafft und es wurde kommuniziert, dass die Befragung in Zukunft von der Geschäftsleitung selbst ausgewertet wird. Seitdem hat man von den Ergebnissen, vor allem den kritischen Punkten, im Unternehmen nicht mehr viel gehört. Man hat damit nicht nur die Mitarbeiter frustriert, sondern Marktchancen sausen lassen, kurzfristig allerdings Ruhe gewonnen, denn wie schon bei Gallup richtetete sich Kritik ganz wesentlich an Führungskräfte und mit denen hätte man sich auseinandersetzen müssen. Hören Sie auf die Aufrührer, und warum muss eine Führungskraft ewig Führungskraft bleiben? Viel mehr sollte ihre Führung nur so lange Bestand haben, wie sie auf die Gefolgschaft ihrer Mitarbeiter rechnen kann. Wenn Spitzenleistungen und damit das Überleben von Unternehmen zunehmend von Kreativität und Innovation abhängen, dann ist es geradezu tödlich, Führung künstlich zu beatmen und Führungsverhältnisse über die Zeit hinaus aufrechtzuerhalten. Das verursacht Resignation und Zynismus und staut die natürlichen Energieflüsse, auf die wir in Zukunft so dringend angewiesen sind. Der Erfolg von Scott Adams Dilbert ist ein beredtes Beispiel dafür.

Auf den Punkt

- Neues Spiel mit keinen neuen Regeln.
- Verzicht auf Führungsinstrumente.
- Leistung lässt sich nicht herbei*führen*.
- Nein zum Mittelmaß.
- Leidenschaft statt Langeweile.
- Wir beeinflussen durch das, was wir tun.
- Über Bord mit allen »schönen« Systemen.
- Aufgaben, Tätigkeiten und Projekte spannend und faszinierend machen.
- Offen über Fehler sprechen – weg mit dem Vier-Augen-Prinzip.
- Weg mit sicheren, banalen Zielen.
- Führungskräfte als Veränderungsmakler.
- Führung hängt von den Geführten ab.
- Führung niemals künstlich beatmen.

3 Neue Teams, funky Projects

KLAGE – Wir sind hilflos ausgeliefert ...

Oft erleben wir uns selbst als Objekte, als nachrangige Schachfiguren unmenschlicher Organisationen, als hilf- und mutlose Bürosklaven. ABER unsere Arbeitswelt wird sich gravierend verändern, Routinetätigkeiten werden von Mikroprozessoren übernommen oder sich zu Projekten entwickeln – Projekten, die funky, abgefahren, cool sind und häufig nur noch von vernetzten Teams erledigt werden können.

So wird sich unsere Arbeit selbst wandeln, zu etwas, auf das man stolz sein kann. UND in der fast kein Platz mehr sein wird für Bürosklaven, die sich mit dem Abarbeiten von Routinetätigkeiten begnügen.

TRAUM – Ich glaube ...

... dass in der Welt Arbeit wieder etwas bedeuten kann.
... an eine Arbeitswelt ohne Zynismus.
... dass wir immer wieder dazulernen können (müssen).
... dass wir auf unsere Arbeit wieder stolz sein können.

Gegensätze!

Bisher	In Zukunft
Bürosklaven	Kreative Gestalter
Kleine überschaubare Gruppen	Übergreifende global vernetzte Teams
Klar strukturierte Aufgaben	Komplexe Aufgaben
Auftrag	Mission und Berufung
Behebung von Ressourcenproblemen	Kompromisslose Personalauswahl
Fachliche Eignung	Menschliche Eignung
Beständige Gruppen	Schnell zusammengestellte Teams
Hierarchische Architektur	Kommunikationsfördernde Architektur
Homogener kultureller Hintergrund	Unterschiedlicher kultureller Hintergrund
Ernste Aufgaben	Funky Projects
Bedachtsamkeit und Langeweile	Begeisterung und Erlebnis
Bearbeitung von Widerständen	Begeistern von Unterstützern

Water Cube
Nationales Schwimmzentrum Peking

Quelle: Fotolia

Mit der vierten industriellen Revolution wird die Zeit der Bürosklaven mit hoher Wahrscheinlichkeit vorbei sein. Einer Studie der Oxford-Ökonomen Carl Benedikt Frey und Michael Osborne[15] zufolge werden 47 Prozent aller Jobs davon betroffen sein. Büroberufe sogar bis zu 90 Prozent. Bestimmt werden nicht nur Jobs verschwinden, sondern auch neue Berufsbilder entstehen. Auf jeden Fall wird sich die Arbeit grundlegend verändern, von der reinen Abarbeitung von Routine und Alltagsaufgaben hin zu Projekten. Diese Projekte müssen, um im Wettbewerb erfolgreich zu sein und zu bleiben, Spitzenprojekte, funky Projects, sein.

In diesem Kontext wird der Teambildung und Teamentwicklung noch größere Bedeutung zukommen. Denn nicht nur die Arbeit, sondern auch die Teams verändern sich, es arbeiten übergreifende, global vernetzte Teams an komplexen Aufgaben. Das stellt völlig neue Anforderungen an die Teamführung, ohne die geltenden Gesetze guter Teamentwicklung und Teamarbeit außer Kraft zu setzen.

An Hochleistungsteams im Sport wird deutlich, welche die zentralen Erfolgsfaktoren herausragender Teamarbeit sind. Wolfgang Jennewein und Markus Hellbrink untersuchten unter anderem solche erfolgreichen Teams, wie das Alinghi Segelteam,

Gewinner des Americas Cup, um allgemeingültige Faktoren von Spitzenleistungen in Teams abzuleiten.

Ein zentraler, wichtiger Punkt war, dass Spitzenteams eine Vision, Mission, bzw. ein herausragendes Ziel brauchen, um dem Team die Motivation, eine Daseinsberechtigung, das »Warum« zu liefern. Ich arbeitete einmal für ein Unternehmen aus der Medizintechnikbranche, das Kerngeschäft des Unternehmens bestand aus Vertrieb und Service von Ultraschallgeräten für Arztpraxen. Dieser Kernbereich lief im Gesamtunternehmen mehr oder weniger mit, die Mitarbeiter von Service und Außendienst machten einen soliden, aber wenig herausragenden Job. Nach einem Gespräch mit dem Geschäftsführer über Themen wie individueller und kollektiver Nutzen, Sinn aber auch Erlebnis, wurden aus Außendienst und Service die Sonofreaks – immer noch solide Spezialisten, aber jetzt mehr mit der Betonung auf Energie, Spaß, Spitzenleistung und Zuverlässigkeit. Das Umsatzvolumen konnte die Firma im Ultraschallbereich in der Folgezeit schnell von 5 Prozent auf 27 Prozent steigern. Mitarbeiter gehören, nun mal lieber zu den SONOFREAKS, als zur XYZ GmbH. Ihre Professionalität hat sich nicht geändert, aber ihr Selbstverständnis, jetzt haben sie eine Mission und jede Menge Spaß. Aus Aufgaben werden Projekte, mit definierten Anfangs- und Endpunkten, Zielen und Kunden. Es kommt darauf an, aus diesen denkwürdige Ereignisse zu machen, die der Mühe wert sind. Denken Sie an das Thema Erlebnisse aus Kapitel eins.

Ein weiterer entscheidender Erfolgsfaktor ist eine kompromisslose Personalauswahl. Es kommt darauf an, die richtigen Personen ins Team zu holen und dafür zu sorgen, dass diejenigen, die den Erwartungen nicht genügen, draußen bleiben. Dabei muss nicht nur die fachliche, sondern auch die menschliche Eignung stimmen. Menschliche Eignung bedeutet aber nicht, ein

Team von »Zwergen« zusammenzustellen, nur weil die so schön pflegeleicht und anpassungsfähig sind. Menschliche Eignung bedeutet, dass die Mitglieder ein Mindestmaß an Kooperationsbereitschaft und Kommunikationskompetenz mitbringen und den Teamspirit teilen – nicht jeder ist ein »Sonofreak«. Jochen Schümann, ehemaliger Sportdirektor von Alinghi, sagte dazu: »Wir wollen ein Team aufbauen, auf das man stolz ist, das in der Lage ist den Americas Cup zu gewinnen, und das andere Leute begeistert, selbst höhere Ziele zu erreichen.« Die Teammitglieder sollten deshalb nicht nur hervorragende Segler sein, sondern auch Humor haben und den Teamgeist mittragen. Spitzenleistungen entstehen in einem kreativen Team und Kreativität erfordert Vielfalt. Vernachlässigen Sie nicht die Schrägen, die Irritierer, Querdenker und Weltveränderer. Perspektivenreichtum im Team erhöht die Wahrscheinlichkeit, dass aus dem Projekt ein funky Project, sprich etwas Großes, wird.

Wenn Sie mit Ihrem Team Spitzenleistungen erbringen wollen, dann müssen die Mitglieder einerseits ihre Stärken kennen und optimal einsetzen können und andererseits sollten Sie nur mit den Besten arbeiten und seien sie noch so schräg! Vermeiden Sie die »Bozo-Explosion«, wie Steven Jobs es nannte, das heißt, fahren Sie nicht ihre Leistungsforderungen so weit zurück, dass sich auch mittelmäßige Kräfte unter Ihrer Teamleitung wohlfühlen. Mehr dazu im Kapitel »Besonders oder ausgesondert – Unternehmenswert Talent«.

Es ist unumstritten: Der innere Aufbau eines Teams ist maßgeblich für dessen Erfolg. Erfolgsfaktor Nummer drei eines Hochleistungsteams ist die Teamstruktur, gemeint sind hier sowohl die Beziehungs- als auch die Aufgaben- und Rollenstruktur. Hier liegt aber auch die Crux neuer Entwicklungen, in der Industrialisierung 4.0 wird es mehr als bisher erforderlich, dass schnell zusammengestellte Teams, die fast ausschließlich über das Internet vernetzt sind, über große Entfernungen hinweg komplexe Probleme lösen. Diese Teams zeichnen sich dadurch aus, dass ihre Mitglieder über eine große Breite an Fachkenntnissen verfügen, häufig ist jedes Teammitglied Spezialist auf seinem Fachgebiet. Diese Spezialisten müssen unter großem Druck zusammenarbeiten. Die Eigenschaften, über die Teams für anspruchsvolle Projekte verfügen müssen, machen es ihnen auf der anderen Seite schwer, das Projekt zum Erfolg zu führen. Eine Besonderheit dieser vernetzten Teams ist, dass sich ihre Stärken gleichzeitig als Risikofaktoren für effektive Zusammenarbeit erweisen. Der hohe Anteil von Fremden und die extreme Spezialisierung führen dazu, dass sich in diesen Teams schwerer ein kooperativer Geist entwickelt, die Mitglieder seltener bereit sind, einander zu helfen, Wissen und Ressourcen zu teilen und Erfolg als gemeinsamen zu betrachten. Die Chancen eines komplexen Hochleistungsteams steigen deutlich, wenn bei Bildung auf bereits existierende Beziehungen zurückgegriffen wird. 20 bis 40 Prozent der Mitglieder sollten sich bereits kennen, damit das Team von Anfang an gut kooperiert, stellten Lynda Gratton[16] und Tamara J. Erikson[17] in einer groß angelegten Untersuchung 2015[18] fest. Auch das jeweilige Unternehmen kann dazu beitragen, dass sich schneller ein Gemeinschaftsgefühl einstellt. Dies kann durch die Anregung zu gemeinsamen, informellen Treffen, durch gemeinsames Lernen mit Kollegen aus anderen Bereichen oder durch Bildung privater Netzwerke im Rahmen der Karriereentwicklung erfolgen. Spektakulär und unverwechselbar ist zum Beispiel die Gestaltung einer kommunikationsfördernden Architektur, wie sie am Standort von Roche Diagnostics in Graz, der Firmenzentrale der Royal Bank of Scotland in Edinburgh oder in der neuen Apple Zentrale in Cupertino zu finden ist. Neben der Beziehungsstruktur kommt der Aufgaben- und Rollenstruktur eine wichtige Bedeutung zu. Es hat sich gezeigt, dass unklare Rollen nur zu unnötigen

Reibungsverlusten und ellenlangen Diskussionen im Team führen. Sind die Rollen dagegen genau definiert, die Aufgaben aber relativ offen, investieren die Teammitglieder Energie und Zeit, weil sie das Gefühl haben, diese erfordern Kreativität.

Spielregeln und Feedback sind der Kitt in den Strukturen eines komplexen Teams. Es ist wichtig, dass die Führungskräfte ein psychologisches Klima schaffen, in dem alle Mitarbeiter authentisch und kontrovers miteinander kommunizieren. Eine Stellschraube dafür ist das Verhalten der Vorgesetzten. Sie müssen den Mut haben, Fragen zu stellen, Unkenntnis über ein Thema oder Fachgebiet einzuräumen und ein Bewusstsein der eigenen Fehlbarkeit zu vermitteln. Die Mitglieder des Water Cube Projektes in Peking beschrieben dieses Klima zum Beispiel als »sichere Entwicklungsumgebung«.

Umso komplexer das Problem ist, umso mehr müssen Führungskräfte dafür sorgen, dass eine Fehlerkultur entsteht (vgl. Kapitel 2 »Revolutionär, nicht evolutionär führen«). Wenn ein Klima herrscht, bei dem aus Misserfolgen gelernt wird, kann man diese nutzen, um ein optimales Ergebnis zu erreichen. Im Sinne einer Hochleistungskultur im Projekt kann man sogar noch weiter gehen, Tom Peters zitiert in *Re-imagine* einen Seminarteilnehmer mit den Worten: »Belohnen Sie exzellente Misserfolge, bestrafen Sie mittelmäßige Erfolge.«

Im Water Cube Projekt gab es eine Polymergruppe, deren Experimente zu keinem Ergebnis führten, man zog im Vertrauen darauf, dass trotzdem die Kollegen nicht schlecht von der Gruppe denken würden, externe Spezialisten hinzu und fand eine Lösung. Personen, die mit der Problemlösung (Aufgabe) betraut sind, müssen nicht immer die Personen sein, die am Ende die Lösung finden.

In komplexen, häufig internationalen Teams, mit unterschiedlichem kulturellem Hintergrund, Prioritäten und Werten kommt es nicht selten zu Konflikten, selbst wenn die Führungskraft alles richtig gemacht hat. Zu Eindämmung dieser Effekte empfiehlt es sich, bestimmte Spielregeln einzuführen. Denkbar ist zum Beispiel Mitglieder aufzufordern, zu erklären, wie sie zu bestimmten Ansichten und Meinungen gelangt sind und darüber nachzudenken, ob nicht nur Fakten, sondern auch persönliche Positionen, Werte und Neigungen eine Rolle gespielt haben.

Laut Chris Argyris[19] müssen die Teammitglieder, wenn sie aus Konflikten lernen wollen, ihren natürlichen Reflex zur Rechtfertigung (erklären, kommunizieren, belehren) durch eine weniger instinktive Haltung der Neugier kompensieren.

Schenken Sie den Mitgliedern, insbesondere neuen, ihre Zeit, nennen Sie es von mir aus informelles Mentoring. Zeit ist in diesem Zusammenhang ein Geschenk in Form von Stunden, die der Begleitung des Mitarbeiters und der Unterstützung beim Aufbau von Netzwerken gewidmet sind.

Achten Sie auf authentische und direkte Kommunikation, das schließt ein, Fehler einzugestehen, nachzufragen, Probleme aufzuwerfen und Ideen zu erklären. Experimentieren Sie, bleiben Sie flexibel, kalkulieren Sie Unsicherheiten ein, rechnen Sie mit Unerwartetem. Lassen Sie Neues durch Interaktion entstehen, die Aufgabenstellung ist der Ausgangs- nicht der Endpunkt Ihres funky Projects. Stellen Sie Prozesse und Ergebnisse in Frage, diskutieren Sie das Ergebnis: Ist es funky oder nicht, oder so lala? Hören Sie sich aufmerksam zu und bemühen Sie sich um gegenseitiges Verständnis. Integrieren Sie verschiedene Fakten, Standpunkte und Sichtweisen – zu einer denkwürdigen Teamleistung!

Kehren wir zur Essenz von funky Projects zurück, der Begeisterung, dem Erlebnis. In der Literatur wird dem Gedanken, ein Projekt zu einem Spitzenprojekt zu machen, das Projekt zu initiieren, Begeisterung zu wecken, wenig Raum gegeben. Meine Erfahrung sagt mir, dass dieser Aspekt ein wesentlicher – der wesentlichste Aspekt von funky Projects ist. Ich war vor einigen Jahren Begleiter in einem Change-Prozess eines großen

Konzerns, ich stellte mit Begeisterung die Projektziele und Meilensteine vor, ja ich war begeistert, aber wie ich feststellen musste, nur ich. Ich traf auf eisiges Schweigen im Auditorium, bis mich der zuständige Abteilungsleiter aus der Starre erlöste und mir sagte: »Das Projekt ist für uns Projekt Nummer 54, und davor kam Projekt Nummer 53 und davor 52 ... , wenn Sie es hier nicht schaffen, uns klar zu machen, dass dieses Projekt die Nummer Eins ist, dann können Sie es vergessen.«

Schärfen Sie Ihre Sinne, schulen Sie Ihre Beobachtungsgabe für funky, cool und begeisternd. Gehen Sie mit offen Augen durch die Welt, halten Sie für sich fest, was für Sie funky, tolle, irre fantastische Sachen waren, beim Service, bei der Warenpräsentation, bei einem Event, im Restaurant. Diskutieren Sie Ihre Beobachtungen im Team, mit Kollegen, mit Freunden, überlegen Sie, was Sie davon in Ihre Projekte integrieren können.

Wenn Sie Unternehmer, ein Change Agent sind, dann vergeuden Sie Ihre Zeit nicht damit, Einwände zu entkräften und Widerstände aus dem Weg zu räumen, fangen Sie bei Ihren potenziellen Unterstützern an, begeistern Sie sie, dann fahren Sie mit den geneigten aber noch unschlüssigen fort, ignorieren Sie die Feinde und lassen Sie sich nicht beirren. Planen Sie ein revolutionäres Projekt, das die Kultur Ihres Unternehmens verändern wird, dann verabschieden Sie sich von alten Gewohnheiten der Führung durch Anweisung oder gar genauem Plan. Strukturelle Veränderungen können Sie verordnen, da regiert die normative Kraft des Faktischen und die Mitarbeiter müssen in der neuen Abteilung, im neuen Bereich irgendwie klar kommen. Kulturelle Veränderungen können Sie nicht verordnen, kulturelle Veränderungen basieren auf Einstellungs- und Verhaltensänderungen. Erstens sind die Mitarbeiter der Meinung, dass sie sich ja schon richtig verhalten und zweitens treffen Ihre Bemühungen auf eine Menge frustrierte mittlere Führungskräfte, die alles daran setzen, die geplanten Innovationen zu hintertreiben und ihre schwindende Machtbasis zu erhalten. Eine äußerst wirksame Form des Widerstandes, mit dem Sie es zu tun bekommen, ist Widerstand durch Zustimmung – heißt, man sagt »ja«, nickt, ist »begeistert«, tut dann aber nichts, so laufen Ihre Versuche ins Leere – das war's. Verschwenden Sie Ihre Zeit nicht damit, Widerstände zu beseitigen, die allzu Trägen in Bewegung zu bringen, die Ängstlichen zu beruhigen. Suchen Sie stattdessen nach Revolutionären in den Reihen Ihrer Mitarbeiter, potenzielle Mitstreiter, die bereits den Sprung gewagt haben, etwas zu verändern bzw. nur auf eine Gelegenheit warten. Finden Sie ihre potenziellen Mitstreiter, aber erwarten Sie nicht, dass sie sich vor allem unter Ihren unmittelbaren Führungskräften befinden, ein »aufständisches Hauptquartier« ist ein Paradoxon! Sie werden sie eher im »Untergrund« finden, wo sie aus Furcht vor dem Zorn der alten Garde im Verborgenen Widerstand leisten und an ihren funky Projects arbeiten. Suchen Sie die vom Status quo Frustrierten, die noch nicht die Segel gestrichen haben, gewinnen Sie sie als Mitstreiter, ermuntern Sie sie, unterstützen Sie sie und vor allem beschützen Sie sie! Im Gegensatz zu den Etablierten sind sie im Frust bereit, Risiken einzugehen und können mit realen Geschichten ihre Kollegen aus der Deckung locken. Stellen Sie Ihre Protagonisten nicht zu früh ins Rampenlicht, berücksichtigen Sie ihren organisatorischen Hintergrund – initiieren Sie ein »Heldenschutzprogramm«. Persönliche Kontakte mit Ihnen können Ihre Protagonisten vor dem Zorn des Establishments schützen. Organisieren Sie Unterstützungsgruppen, das heißt bringen Sie sie mit Gleichgesinnten zusammen, organisieren Sie zu diesem Zweck entsprechende Events und Netzwerke, über die sich Ihre Protagonisten miteinander austauschen können. Sorgen Sie dafür, dass praktizierte Ansätze der Kulturveränderung sichtbar, im wahrsten Sinne begreifbar, fühlbar und konkret werden – machen Sie daraus ein funky Project!

RECHTS VORN IST DAS GAS – drücken Sie auf das Tempo, ehe die Kräfte der Beharrung und des Mittelmaßes Sie mit endlosen Berichten, Analysen und Stellungnahmen erschlagen können.

Halten Sie den Fortschritt der Veränderung fest, dokumentieren Sie den Wandel für alle sichtbar und bedenken Sie dabei, welche Macht Symbole haben können. Ich war für einen Mittelständler tätig, der Unternehmer wollte die Firma schneller, weniger bürokratisch machen. Er ließ die Mitarbeiterinnen ihre Büros nach sinnlosen Vorschriften, Listen, Memos und anderem Papierkram durchforsten und diese im Hof des Unternehmens aufschichten, er prämierte die Mitarbeiterin, die bereit war, sich von den meisten Dingen zu trennen und den höchsten Papierturm errichtete - Symbole! Scheuen Sie nicht davor zurück, die spektakulärsten unter Ihren »Helden« um mehrere Stufen zu befördern - ermöglichen Sie ihnen große Sprünge! Gewiss, das wird eine Revolution unter Ihren Führungskräften auslösen, aber das wollen Sie ja wohl – oder?! Machen Sie sich klar, dass dieses Vorgehen in Zukunft eine ihrer Haupt- und Daueraufgaben sein wird.

Gehören Sie zur Gruppe der »Untergrundkämpfer«, die ihr eigenes funky Project verwirklichen wollen, die es schon lange juckt etwas auf die Beine zu stellen, die genug Leidenschaft, Fantasie und Beharrlichkeit mitbringen etwas zu bewegen, dann nutzen Sie die sich bietenden Chancen, tun Sie es, aber clever! Giffort Pinchot[20] hält für Sie da einige Ratschläge bereit, er hat diese in zehn Geboten für Intrapreneure (Unternehmer im Unternehmen) festgehalten[21]. Halten Sie unter allen Umständen an Ihrem Traum fest, umgehen Sie alle Anordnungen, die der Verwirklichung Ihres Traumes entgegenstehen. Verstehen Sie eine Aufgabe deshalb niemals im Wortlaut, drehen und wenden Sie Ihren Auftrag so lange, bis er der Realisierung Ihres Zieles nicht mehr im Wege steht. Widerstehen Sie der Versuchung Ihrem Chef zu früh von Ihrem funky Project zu erzählen, arbeiten Sie so lange wie möglich im Untergrund, denn eine zu frühe Publicity löst den Immunmechanismus des Establishments aus. Aber erzählen Sie möglichst vielen Leuten von Ihrer Leidenschaft, finden Sie enthusiastische Verbündete. Machen Sie sich eine Liste von Zielpersonen, die Sie in das Projekt einbeziehen wollen und kontaktieren Sie diese systematisch, gehen Sie mit unterschiedlichen Kollegen essen, nicht immer mit denselben drei und erweitern Sie so Ihr Netzwerk. Halten Sie Ihre Sponsoren in Ehren - lassen Sie keine Gelegenheit ungenutzt, um Ihre potenziellen Mitstreiter auf dem Laufenden zu halten. Holen Sie potenzielle Kunden mit ins Boot, suchen Sie nach Mitstreitern aus der Linie, die ein Interesse haben, sich an Ihrem »Spiel« zu beteiligen. Entwickeln Sie einen Fahrplan für Ihr Projekt und beginnen Sie zu probieren. Setzen Sie bei Ihren ersten Erfolgen auf die Kraft des viralen Marketings, das heißt ein schräger, cooler, verrückter Mitstreiter erzählt es einem ebenso schrägen und verrückten Freund und so weiter. Denken Sie daran, dass es leichter ist, um Verzeihung, als um Erlaubnis zu bitten, machen Sie also einigen Wirbel um Ihr Projekt, gehen Sie aber nicht bei Ihrem Chef damit hausieren. Setzen Sie nie auf ein Rennen, in dem Sie nicht selbst mitlaufen, aber halten Sie sich im Hintergrund, lassen Sie Ihre Anhänger, Ihre Fans, die begeisterten zukünftigen Kunden Ihres funky Projects einen Vorschlag erarbeiten und ihren jeweiligen Vorgesetzten unterbreiten. Bleiben Sie Ihren Zielen treu, seien Sie aber realistisch in Bezug auf die Möglichkeiten diese zu erreichen. Was das bedeutet, braucht man wohl niemandem näher zu erläutern, dennoch: Holen Sie sich regelmäßig Feedback, wo Sie mit der Umsetzung Ihres funky Projects stehen. Kritisches Feedback kann Sie davor bewahren mit 200 km/h in eine Sackgasse zu rasen, an deren Ende sich eine karrierebeendende Betonmauer befindet. Denken Sie daran, große »Siege« kommen in kleinen Portionen.

Auf den Punkt

- Projekte – Projekte – Projekte.
- Übergreifende, global vernetzte Teams arbeiten an komplexen Aufgaben.
- Spitzenteams brauchen eine Mission, ein herausragendes Ziel.

- Aus Projekten denkwürdige Ereignisse machen.
- Kompromisslose Personalauswahl.
- Auf bestehenden Beziehungen aufbauen.
- Kommunikation und gemeinsames Lernen fördern.
- Klare Rolle, offene Aufgaben.
- Spielregeln und Feedback.
- Mut zum Fragen – Mut zur Unkenntnis.
- Zeit schenken.
- Funky = Begeisterung.
- Kulturveränderung = Einstellungsveränderung.
- Heldenschutzprogramm.
- Tempo – Tempo – Tempo.
- Am Traum festhalten.
- Große Siege kommen in kleinen Portionen.

4 Besonders oder ausgesondert – Unternehmenswert Talent

KLAGE – Der Krieg um die Talente ist gnadenlos ...

Immer wieder höre oder lese ich davon, dass Personal-entwicklungsabteilungen auf einmal Talentmanagement genannt, das Mitarbeiter nach ihren Möglichkeiten eingesetzt werden sollen. Alles nur heiße Luft! Tatsächlich werden immer noch die fügsamen, gehorsamen Mitarbeiter gesucht und gefördert. Die Einserschüler machen Kariere. Denn immer noch nehmen Unternehmen Talent nicht ernst. Würden sie es tun, dann würden sich die Organisationen und Unternehmen so umbauen, dass sie Talent anlocken, das sich Talente in ihnen wirklich entfalten können.

Talent muss zur Leidenschaft in den Unternehmen werden und nicht nur bloße Namensfassade. Es kommt darauf an unsere zukünftigen Spitzenkräfte genauso professionell zu suchen und zu rekrutieren, wie es die Vereine im Spitzensport tun.

Das ist unverzichtbar in einer Zeit, wo die größte Wertschöpfung dort stattfindet, wo talentierte, kreative, engagierte und rebellische Mitarbeiter mit ihrer Leistung die wichtigste, eventuell sogar einzige Basis für den Wettbewerbserfolg darstellen.

TRAUM – Ich glaube ...

... an den Erfolg einer Arbeitswelt, in der die Talentsuche und Talententwicklung für den Leiter einer zum Management-Partner

gewordenen Verwaltungsabteilung genauso selbstverständlich ist wie für Jürgen Jung, den Talentscout des FC Bayern München.

... an eine Arbeitswelt, in der Unternehmen spannende Arbeitsmöglichkeiten schaffen, um in jedem Bereich Spitzentalente anzuziehen.

... an eine Welt, in der sich die Erkenntnis durchgesetzt hat, dass Talent nicht nur die Marke des Unternehmens fördert, sondern dass die Marke des Unternehmens nichts anderes ist als das dahinter stehende Talent der Mitarbeiter.

Gegensätze!

Bisher	In Zukunft
Altbacken und öde	Frisch und abwechslungsreich
Schlipsträger	Abgefahrene Freaks
Vorgaben und Kleinigkeiten	Ergebnisse und Erlebnisse
Mauern und Teilnahmslosigkeit	Träume und Inspiration
Brav und behäbig	Rebellisch und schnell
Stellen ausschreiben	Talent wittern
Abwarten	Handlungsmöglichkeiten
Langweilige Stellenanzeigen	Suche an ungewöhnlichen Orten
Nüchternheit, Sicherheit und Planung	Enthusiasmus, Abenteuergeist und Flexibilität
Mitläufer	Rebellen
Realisten	Idealisten
Einfallslose	Visionäre
Opportunisten	Querdenker
Logisch-mathematische Intelligenz	Multiple Intelligenzen
Schulische Leistungen	Lebensleistungen
Formale Talentbewertung	Talentbewertung im direkten Mitarbeiterkontakt
Einzelne Skills	Ausgeprägter Unternehmergeist
Barrieren	Handlungsspielraum
Explizites Lob	Fesselnde Tätigkeiten und Projekte
Messen, standardisieren, kategorisieren	Immaterielle Eigenschaften

Quelle: Fotolia

Betritt man das Büro von Christian Luck, ist man zunächst überrascht, wähnt sich eher in einem Werbeunternehmen oder Kreativstudio einer Filmproduktion, nicht aber im Office des Personalchefs eines großen mittelständischen Maschinenbauers, zugegeben eines der innovativsten. Zuerst nimmt die breite Glasfront mit vielen Grünpflanzen den Blick gefangen, auf dem zweiten Blick sticht eine gelb gestrichene Wand mit einem aufgehängten Rennrad ins Auge, daneben viele Bilder, von der verrückten Grafik bis zum knallbunten Ölbild, im ganzen Raum viele verrückte Sitzgelegenheiten vom Schaukelsessel bis zum Kaffeetresen und einer abgefahrene Audioanlage. Das Lebensmotto von Christian Luck ist: »Will ich etwas verändern, muss ich zunächst mich selbst ändern«, das heißt, will ich kreative Mitarbeiter, muss ich ihnen ein kreatives Umfeld bieten und Kreativität zulassen. Eine Episode illustriert dieses Denken meiner Meinung nach auf besondere Weise. Seine Laufbahn begann Christian Luck, nach Einsätzen in unterschiedlichen Personalentwicklungsprojekten, als Personalentwickler bei einem großen Automobilkonzern. Er hatte die Aufgabe ein neues Entwicklungsprogramm für Nachwuchsführungskräfte zu kreieren und dem Personalvorstand zu präsentieren. Am Tag der Präsentation waren nicht nur der Personalvorstand und Arbeitsdirektor, sondern auch der Vorstandsvorsitzende und das Vorstandsmitglied für Fahrzeugentwicklung anwesend. Christian erschien pünktlich, er trug ein sauberes aber etwas verblichenes Holzfällerhemd und seine Jeans hatten auch schon bessere Tage gesehen. Die anwesenden Herren, damals waren es nur Herren, reagierten etwas irritiert, das war ihrer Körpersprache deutlich anzusehen. Die Präsentation war hervorragend, sowohl inhaltlich, als auch methodisch ein Knaller. Danach begann die Diskussionsrunde und was glauben Sie, worauf Christian Luck zuerst angesprochen wurde, richtig, sein Outfit. Christians Reaktion darauf war: »Meine Herren, wenn Sie mich in Zukunft dafür bezahlen wollen, was ich anziehe und nicht für meine Leistung und Ideen, dann sollten wir meinen Vertrag ändern! Aber ich habe mir schon gedacht, dass Sie mich darauf ansprechen werden und bin nicht ohne Grund in diesem Aufzug zu Ihnen gekommen. Ich wollte damit auf keinen Fall Geringschätzung gegenüber meinem Auditorium demonstrieren, viel mehr wollte ich einen Denkanstoß geben. Unsere Fahrzeuge haben bei unseren Kunden etwas den Ruf zwar solide aber altbacken und langweilig zu sein – wenn wir das ändern und andere Käuferschichten erreichen wollen, dann müssen wir zunächst uns selbst ändern!« »Danach gab es noch eine angeregte Diskussion«, berichtet Christian Luck. »Ich wollte mit meinem Auftritt drei Dinge erreichen, erstens zum Nachdenken anregen, zweitens ein Zeichen setzen und drittens im Gedächtnis bleiben.« Nun all das hat Christian erreicht und noch mehr, im Unternehmen setzte nach und nach ein Umdenken ein, natürlich nicht nur auf sein Betreiben, aber eine Aktie hatte er schon daran. Noch heute liebt es der Personalchef leger und kreativ, sein Unternehmenswechsel beruht in erster Linie darauf, im Unternehmen unvergleichlich mehr Gestaltungsspielräume zu haben.

Was sehen Sie vor sich, wenn Sie an die Handball-Nationalmannschaft denken, was, wenn Sie an ein Theater- oder Ballettensemble denken? Brillante Spiele und Aufführungen! Was sehen Sie, wenn Sie an Beschäftigte, zum Beispiel Ihrer Personalabteilung denken? Graue Büroräume und eine einförmige Masse an Büromenschen? Wie stufen Sie dann die Mannschaft ihrer Personalabteilung oder Personalentwicklung ein? Das Motto von Christian Luck war: »Wir müssen uns ändern, wenn wir etwas ändern wollen.« UND die wirklich abgefahrenen Dinge werden ganz selten von »Schlipsträgern« entwickelt. Etwas Abgefahrenes entwickelt man nur mit jemandem, der selbst abgefahren ist! Um im Zeitalter von Industrialisierung 4.0 und Bürorevolution Erfolg zu haben, genügt es nicht gut Produkte zu haben – bei weitem nicht. Es genügt auch nicht gute Dienstleistungen zu haben! Sie müssen mehr zu bieten haben … Ergebnisse, Erlebnisse, funky Projekte, wahr werdende Träume und Inspiration! All das ist nicht möglich ohne das intellektuelle Kapital der Mitarbeiter, ihre Kreativität, ihre Erfindungsgabe. Das wiederum ist nicht möglich ohne talentierte Mitarbeiter. Sie, ihr Talent, ihre Kreativität, ihr unternehmerischer Eifer sind alles, was Sie haben. Im Kampf um die klügsten Köpfe und größten Talente kommt der Personalabteilung bzw. der Personalentwicklung eine entscheidende Bedeutung zu, Sie werden aber keine bunten Vögel mit einer grauen Abteilung fangen! Schon 2020 wird laut einer Studie der Boston Consulting Group jede zehnte Stelle für Fachkräfte und Spezialisten unbesetzt bleiben und der VDI stellt fest, dass wir schon heute 76 000 offene Stellen für Ingenieure verzeichnen. Ich las einmal den Slogan einer Versicherung, der lautete: »Es ist später als Du denkst!« Diesen Slogan kann man gut und gerne auch auf das Thema Talentgewinnung und Talentförderung anwenden. Armin Trost, Professor für Personalmanagement der Hochschule Feuchtwangen dazu: »Unternehmen sind noch viel zu behäbig, brav, in einer Zeit verhaftet, wo die Leute noch von selbst an die Tür klopften.« Die jungen Talente von morgen stellen an ihre Arbeitgeber aber andere Anforderungen, als die Generation der Babyboomer. Umso mehr verwundert es, dass laut einer Umfrage der Firma GPK die Werte, für die ein Unternehmen steht, nur für 50 Prozent der Firmen bei ihrem Auftritt in sozialen Netzen ein Thema sind.

Welche Rolle Talent spielt hat der Spitzensport schon lange erkannt. Jürgen Jung, Talentsucher des FC Bayern dazu: »Keine Frage, ohne Talent geht es nicht. Es lässt sich nur bedingt antrainieren, vielmehr ist Talent eine Gabe. Man hat es oder man hat es nicht. So einfach ist das. Wir (die Talentscouts der Bayern) sehen oft gleich beim ersten Mal, welche Fähigkeiten da sind.« Mit anderen Worten Talent kann man häufig nicht sehen aber »wittern«. Für der FC Bayern sind alleine im Freistaat zehn Talentscouts unterwegs, wie viele Scouts suchen für Sie nach zukünftigen Talenten? Michael Tarnat, ebenfalls Talentscout des FC Bayern: »Das Problem ist, dass es viele Vereine gibt, die um die jungen Spieler konkurrieren. Wir haben uns zum Ziel gesetzt, die besten Spieler zu scouten.« Und Joachim Löw: »Es gibt nicht so viele Talente wie wir glauben, wir reden hier vom Maßstab Weltklasse, nicht von einem guten Bundesligaspieler.«[22] Ich rede hier auch vom Maßstab Weltklasse, wenn ich von Talent spreche!

Was aber ist Talent? Kann ich es erkennen, »wittern«? Schauen wir uns zunächst an, was der Spitzensport zum Talent sagt. Im Spitzensport versteht man unter Talent, vereinfacht gesagt, eine Person, die auf der Basis des bereits erreichten Trainings im Vergleich zu anderen, mit ähnlichen biologischen Voraussetzungen und Lebensgewohnheiten überdurchschnittlich leistungsfähig ist und bei der man begründet annimmt, dass sie in einem nächsten Entwicklungsschritt sportliche Spitzenleistungen erreichen kann.

Ganz allgemein kann man sagen, dass Talent auf einer, im Vergleich zu anderen überdurchschnittlichen Anlage, Begabung, Befähigung beruht. Das ist es aber nicht allein, um aus einer Begabung eine Spitzenleistung zu machen, braucht es Training, Training, Training! Im Sport ist dieser Zusammenhang schon sehr gut untersucht, der Sportwissenschaftler Martin Weddemann sagt dazu auf *Sport-ID*, der Onlinezeitung des Handballverbandes Schleswig-Holstein: »Die meisten Experten, die sich mit der Talentforschung praktisch und wissenschaftlich beschäftigen, sind sich einig: Es bedarf mindestens 10 000 Stunden hochkonzentrierter Arbeit in einem leistungsfördernden Umfeld, um in einem spezifischen Gebiet Herausragendes leisten zu können.« Diese Aussage enthält gleich zwei Knaller, erstens die Frage, wie viel Stunden hochkonzentrierter Arbeit investieren Sie in die Spitzenleistung Ihrer Mitarbeiter? Nun, zumindest für Deutschland kann ich es sagen, großzügig ca. 30 Stunden im Jahr, das sind ganze 5 Minuten am Tag, um auf Werte wie im Spitzensport zu kommen, müssten die Mitarbeiter nur 333 Jahre arbeiten. Wir leben im Zeitalter der Kreativitätsmaximierung und des intellektuellen Kapitals, und was tun wir, um immer besser und immer wertvoller zu werden? Wir investieren ganze 5 Minuten!!! Denken Sie an einen Geiger, einen Spieler der Handball Nationalmannschaft, einen Chirurgen oder Opernsänger, können Sie sich diese mit 30 Stunden Training pro Jahr vorstellen? Zweitens, wie leistungsfördernd ist Ihr Unternehmensumfeld?

Wie erkennt man ein Talent? Dagur Sigurdson[23], Trainer der Handball-Nationalmannschaft hat eine Formel für Erfolg, sie besteht aus angeborenen Fähigkeiten plus erlernte Fähigkeiten mal Einstellung. »Talent hat man oder hat man nicht, und Trainer kann man austauschen. Aber mit der richtigen Einstellung kann ich eine Menge gewinnen.« Die Einstellung ist entscheidend, ACHTEN SIE AUF LEIDENSCHAFT, FLEXIBILITÄT UND ENTHUSIASMUS. Verlangen Sie auch in Ihren Stellenanzeigen danach!

In einem Presseartikel von Sport 1 hieß es: »Die meist blutjungen Spieler hängen förmlich an Sigurdsons Lippen. In einem Klima des bedingungslosen Vertrauens wuchs das Vertrauen in die eigene Stärke – mit jeder Minute, von Tag zu Tag.« Und weiter »Dagur Sigurdson vertraut seinen Spielern, wen er holt, der spielt auch.« In einem Seminar sagte mir ein Mitarbeiter der Fachhochschule für Öffentliche Verwaltung und Finanzen des Freistaates Sachsen: »Wir bilden Scharfschützen aus, die in der Lage sein müssen, zehn Jahre still zu liegen, ehe sie einen Schuss abgeben dürfen!« Was für ein himmelweiter Unterschied zu Dagur Sigurdson und wie bezeichnend für ein leistungsförderndes bzw. hinderndes Umfeld.

EIN TALENT KANN ANDERE INSPIRIEREN, diese Fähigkeit erschließt sich uns nicht sofort. Kommt die Person aber auf IHR Thema zu sprechen, dann ist sie in ihrem Element, dann spüren Sie die Leidenschaft – achten Sie auf das Leuchten in den Augen und … gelingt es ihr bzw. ihm, Sie zu inspirieren?!

Die BELASTBARKEIT ist ein weiteres wichtiges Kriterium ein Talent zu erkennen. Ehemalige Leistungssportler eignen sich deshalb so gut für Spitzenpositionen, weil sie sich im Hexenkessel des Chaos bewährt haben, das sind die letzten Minuten und Sekunden eines Hand- oder Fußballspieles, wenn es um alles geht! Wenn es wirklich rund geht, dann sind Talente in ihrem Element.

Beobachten Sie Ihre potenziellen Talente. Wir sind, was wir tun, nicht das, was wir vorgeben tun zu werden. ECHTE TALENTE SIND MENSCHEN DER TAT, sie gieren danach tätig zu werden, sie sind im wahrsten Sinne des Wortes »tatendurstig«. Viele Bewerber sprechen über ihre Absichten und Philosophie, andere über die Dinge, die sie gemacht haben, die Widerstände und Schwierigkeiten, die dabei zu überwinden waren – entscheiden Sie sich für Letztere. Steven Jobs, Hippie, Rebell, Sinnsucher, Telefon-Hacker und Visionär war ein Fan des *Whole Earth*

Catalog, besonders faszinierte ihn die letzte Ausgabe von 1971, er nahm sie überall mit hin, von der Highschool aufs College und später in die Kommune. Auf der Rückseite war das Foto eines Highway zu sehen, so wie man ihn am frühen Morgen beim Trampen erleben kann. Daneben standen die Worte: »Stay Hungry. Stay Foolish.«

Paul Watzlawick erzählt in seiner *Anleitung zum Unglücklichsein* eine kleine Geschichte. Ein angetrunkener Mann kriecht lallend im Lichtkegel einer Laterne. Er wird von einem Polizisten angesprochen, was er denn suche? »Meinen Schlüssel.« »Haben Sie ihn denn auch wirklich hier verloren?« »Natürlich nicht!« »Wo denn dann?« »Na dort hinten.« »Warum suchen Sie dann nicht dort?« »Aber Herr Inspektor – dort hinten ist es doch viel zu dunkel!!!« Sie werden sagen, kein Mensch sucht etwas dort, wo er es nicht verloren hat, Watzlawick würde Ihnen widersprechen, genau das tun die Menschen – und weil man es nicht findet, weil man es ja dort auch nicht verloren hat, hat man einen Grund, sich zu grämen. Wenn Sie langweilige Stellenanzeigen schalten und sich dann ärgern, dass Sie langweilige Bewerber bekommen, dann ist das damit durchaus vergleichbar. Wollen Sie ungewöhnliche Talente, dann müssen Sie an ungewöhnlichen Orten nach Ihnen suchen, um Enthusiasmus, Abenteurergeist und Flexibilität zu bekommen.

Wir leben in abgefahrenen Zeiten, deshalb sind wir auf schräge, ausgefallene, abgefahrene Talente angewiesen. Typen, ich meine das absolut wertschätzend, die sich nicht am Althergebrachten orientieren. Tom Peters berichtet in *Der Innovationskreis*, dass sich ein Psychotherapeut einen Aufkleber an sein Auto angebracht hatte: »Das Licht in dieser Welt kommt von denen, die einen Knall haben.« Dem kann man nur zustimmen, natürlich bringen nicht alle, die einen Knall haben Licht in diese Welt, aber »ein Sprung in der Schüssel« lässt eben manchmal doch Licht herein, indem man die Dinge auch einmal aus einem anderen Blickwinkel betrachtet.

TALENTE VERKÖRPERN ABGEFAHRENE IDEEN! Steven Jobs arbeitete selbst am »Think Different« – Werbespot mit. »An alle, die anders denken: Die Rebellen, die Idealisten, die Visionäre, die Querdenker, die, die sich in kein Schema pressen lassen … « und weiter: »Und während einige sie für verrückt halten, sehen wir in ihnen Genies. Denn die, die verrückt genug sind, zu denken, sie könnten die Welt verändern, sind die, die es tun.« Wenn Sie nichts Emotionales, Impulsives, Unberechenbares, ausschließlich Einfallsreiches wollen, dann ist das bedauerlich, Sie können das alles nur im Paket bekommen. »Genauso können Sie Engagement, Loyalität, Aufrichtigkeit, Realismus und Wissen als Paket bekommen, darin ist der Anteil an Einfallsreichtum jedoch eher klein« sagt die Professorin und Unternehmensberaterin Patricia Pitcher[24].

TALENTE LIEBEN FUNKY PROJEKTE! Suchen Sie nach Personen, mit einem dicken Portfolio aus abgefahrenen Projekten, aus Jobs, die keiner machen wollte und aus denen sie oder er eine wahre Fundgrube machte, indem sie oder er gegen alle möglichen Konventionen verstießen.

WAHRE TALENTE SIND MEISTER DER UMSETZUNG, sie bringen ein Projekt zu Ende, nicht nur 90 oder 95 Prozent, sie schließen Ihre Projekte konsequent ab und klären auch die letzten 5 oder 10 Prozent Ungereimtheiten.

Suchen Sie nach den Neugierigen, den kritischen Geistern, denen, die Fragen stellen und IN DER LAGE SIND, SPASS ZU VERMITTELN. Enthusiasten, die zugleich eine angenehme Atmosphäre um sich aufbauen.

TALENTE SCHAFFEN ES, SELBER TALENTE ANZULO-CKEN. Verwenden Sie bei der Einstellung neuer Führungskräfte einen guten Teil Ihrer Zeit darauf, über die Erfolge und Misserfolge der potenziellen Executives beim Einstellen und Entwickeln neuer Talente zu sprechen.

An dieser Stelle noch ein Wort zur Intelligenz. Ein gewisses Maß an DENK- UND LERNFÄHIGKEIT IST SICHER WÜNSCHENSWERT, aber ich möchte davor warnen, den Intelligenzbegriff zu sehr zu verkürzen. Das heißt, beschränken Sie sich bei der Personalauswahl nicht zu sehr auf die logisch-mathematische Intelligenz. Ich möchte hier keine Intelligenzdiskussion beginnen, aber Intelligenz als reinen G-Faktor[25] abzutun erscheint mir fragwürdig. Was ist mit dem Maler der Spitzenklasse, dem Mathematik überhaupt nicht liegt oder mit dem Geiger, was ist mit dem Mannschaftsführer, der es hervorragend versteht, seine Teams immer wieder zu Höchstleistungen zu motivieren? Nehmen wir zum Beispiel John Lennon, niemand wird bestreiten, dass er ein musikalisches Ausnahmetalent war. Dies zeigte sich schon früh, als er begann Mundharmonika zu spielen, schon bald beeindruckte er seine Mitschüler durch Parodien, kleine Nonsens-Texte und Karikaturen seiner Lehrer. Seine schulischen Leistungen waren allerdings unterdurchschnittlich. Wenn Sie ein Talent suchen, suchen Sie dann den besten Notendurchschnitt? Wenn ja, dann willkommen unter der Laterne! Oder suchen Sie nach mehr, sehr viel mehr? Mehr meint in diesem Zusammenhang Eigenschaften, die man nur schwer definieren und noch schwerer messen kann. Aber sie sind entscheidend, ob beim FC Bayern oder bei BMW.

Eine besondere Führungsfähigkeit besteht darin, diese ideellen Aspekte wahrzunehmen. Trainer im Spitzensport sind besonders erfolgreich darin und sich schon längst darüber einig, dass gerade die Persönlichkeitsmerkmale Leistungsmotivation und Selbstregulation wesentliche Voraussetzungen für die Realisierung hoher sportlicher Leistungen sind. Auch für die Aufrechterhaltung des Trainings über einen längeren Zeitraum sind eine größere Erfolgszuversicht und eine geringere Misserfolgsängstlichkeit bedeutsame Voraussetzungen. Das Kommando

Spezialkräfte der Bundeswehr hat es zu seinem Motto gemacht – Facit Omnia Voluntas (»Der Wille entscheidet«). Da
steht nicht: »auf die Einser-Schüler kommt es an« oder »das
Zeugnis macht's«.

Talent hat nichts mit der reinen Ressource zu tun, auch nicht mit
Arbeitskraft, nichts mit grauem Routinejob. Es zählt mehr als jemals zuvor, für Unternehmen, Behörden, im Sport und deshalb
ist es ein knappes Gut und wird auch in Zukunft rar bleiben.
Im Kampf um die besten Talente kommt es für Unternehmen
darauf an, attraktive Arbeitsplätze anzubieten. Orte, an denen es
neben einer angemessenen Bezahlung möglich ist, fantastische
Dinge zu tun. Die *Financial Times* schrieb schon vor einigen Jahren: »In der Vergangenheit sind clevere Leute immer dem Geld
gefolgt. Heute folgt das Geld den cleveren Leuten.« Setzen Sie
die Mitarbeiter WIRKLICH an die erste Stelle ihrer Unterneh-
mensagenda. Ja, ja, ich weiß, »die Mitarbeiter sind unser wich-
tigstes Gut« haben Sie schon tausendmal gehört, nun hören Sie
es zum 1001. Mal. Das Problem dabei, es entspricht meist nicht
der Realität, die Unternehmen handeln nicht danach, Prioritäten werden meist anders gesetzt. Die Personalentwicklung wird
in Talentmanagement umbenannt, aber ändert der Name etwas?
Was tun die Unternehmen, um die Begabungen ihrer Mitarbeiter
zum Tragen zu bringen? Ist es möglich, dass begabte, erfolgreiche
Mitarbeiter entscheidende Entwicklungssprünge im Unternehmen machen können?

Ist Ihr Unternehmen besessen von Talent? Machen Sie Talent zu
einem Korridorthema! Sorgen Sie dafür, dass die Führungskräfte
Ihres Unternehmens einen großen Teil ihrer wertvollen Zeit mit
einem einzigen Thema verbringen: Talent.

Geben Sie sich bei der Suche nach Talent nur mit den besten
zufrieden. Begnügen Sie sich nicht mit Mittelmaß, lassen Sie lieber eine offene Stelle eine Zeit lang unbesetzt und bürden Sie
den vorhandenen Mitarbeitern etwas Mehrarbeit auf. Erinnern
Sie sich an Steven Jobs oder an das Alinghi-Team aus Kapitel

drei. Ihre Talente werden es Ihnen langfristig danken – und Ihre Ergebnisse, und Ihr Unternehmen!!! In einem immer brutaler werdenden Wettbewerb können nur die Besten bestehen. Talente arbeiten gern mit ihresgleichen, sie lieben ein leistungsförderndes Klima und wollen gefordert werden und dies erfahren sie am besten durch andere Begabte. Felix Neureuther hätte wohl kaum ein größeres Vergnügen bei einer gemütlichen Abfahrt mit mir auf einer blauen Piste. Talente lieben die Herausforderung durch die Besten der Besten. Das gilt für Felix Neureuther ebenso, wie für die Handball-Nationalmannschaft, wie für das Team des Watercube-Projektes: Fehlt diese Herausforderung, würde es die Besten eher demotivieren.

Setzen Sie himmelhohe Standards! Warum? Aus dem gleichen Grund! In einer Umfrage nach den besten Professoren wurden nicht die gewählt, die nur Gefälligkeitsnoten an ihre Studenten verteilten, sondern die es verstanden aus Ihren Lehrveranstaltungen große Lernereignisse zu machen. Sie wurden, was die Notenvergabe anbelangte durch die Bank als streng eingeschätzt. Ein attraktiver Arbeitsplatz ist noch lange nicht behaglich und warm. Es ist ein Ort, der interessante Leute anzieht, werben sie mit großartigen Projekten und setzen sie dann extrem hohe Standards! So ist es im Spitzensport, auf der Bühne, warum nicht auch in Personal-oder Finanzabteilungen.

Noch ein Wort zu Lohn und Gehalt. Sicher, Geld ist nicht alles, und Talente suchen in erster Linie nach Dingen wie Herausforderung, Abenteuer und Entwicklungschancen. Denken Sie aber daran, dass Sie mit 60,- Euro brutto in der Stunde ein ganz anderes Kaliber an Jobbewerbern ansprechen, als mit 20,- Euro. Außerdem, die Briten haben ein Sprichwort: »Wer seine Mitarbeiter mit Erdnüssen bezahlt, muss sich nicht wundern, wenn er von Affen umgeben ist.« Zahlen Sie gut, zahlen Sie leistungsorientiert, zahlen Sie leistungs-G E R E C H T!

Talentbewertung ist kein formaler, sondern ein Führungsprozess im direkten Mitarbeiterkontakt. Durch die Vermittlung einer

Kollegin traf ich Hendrik von der Senden, er ist Geschäftsführer eines mittelständischen Unternehmens der Kunststoffbranche, aus unserer professionellen Begegnung wurde mit den Jahren eine Freundschaft. Hendrik macht nie halbe Sachen, er verbringt volle 70 Tage im Jahr mit der Talentbewertung. Jedes halbe Jahr einen ganzen Arbeitstag pro Person. Dabei werden Daten »gesammelt« und alle relevanten Punkte mit den Mitarbeitern ausführlich besprochen. Ich war überrascht, dass ein Unternehmer rund 30 Prozent seiner Arbeitszeit mit der Talentbewertung verbringt. Darauf erwiderte er, dass er in einer intensiven Beschäftigung mit den Mitarbeitern eine Voraussetzung dafür sieht, dass sich die Mitarbeiter gerecht behandelt fühlen. Ihm fällt es nicht im Traum ein, im stillen Kämmerlein, bei einem guten Bordeaux, Kreuzchen in obligatorische Bewertungsformulare zu machen. Über Leistungsbeurteilung habe ich im Kapitel zwei schon hinreichend geschrieben, Gleiches gilt für Talentbewertungssysteme, die meisten davon sind eine Farce.

Wenn Sie der Meinung sind, einer ihrer Mitarbeiter und ganz besonders eine Ihrer Mitarbeiterinnen hat das Zeug zur Führung, dann geben Sie ihnen eine Chance! Denken Sie an Dagur Sigurdson, wen er nominiert, der spielt auch – wen Sie für ein Führungstalent halten, der soll auch führen. Führungskräfte werden nicht dadurch gemacht, dass man sie benennt, sondern dadurch, dass man sie führen lässt. Noch mal, begegnen Sie einer fähigen Mitarbeiterin oder einem fähigen Mitarbeiter, dann übertragen Sie ihr oder ihm einige Zuständigkeiten – für irgendetwas. Arbeiten Sie gerade an einem Projekt von mittlerer Komplexität, dann lässt sich dieses in unzählige Teilaufgaben, das bedeutet unzählige Bewährungschancen zerlegen. Die Mitarbeiterin ist erst 24! Na und? Führung hat nichts mit dem Alter zu tun. Junge Talente haben weniger Lust zu warten, bis sie an der Reihe sind. Zu den Erwartungen der 20- bis 35-Jährigen an die Arbeitswelt zählen einer Befragung zufolge neben Authentizität, Anerkennung und Respekt, die Möglichkeit sich immer wieder neu selbst zu suchen, zu erfinden und zu verwirklichen. Die Generation der »Digital Natives« ist nirgends wirklich zu Hause, außer im Netz.

Dieser neuen Generation ist nichts unmöglich: »Leistungsorientierung und Kreativität, Projektverantwortung und Home-Office, Effizienz und Jobsharing, Karriere und Elternrolle.« Das sind für die »Digitals« keine Wiedersprüche. Wieso sollte man nicht einen anspruchsvollen Job, eine leitende Position innehaben, ein Start-up gründen, sich gesellschaftlich engagieren und trotzdem genug Zeit für Familie, Freunde und Kinder haben? Es wird Zeit, dass wir uns im Kampf um die Talente darauf einstellen.

Unser Weiterbildungsbemühungen konzentrieren sich im Augenblick noch viel zu sehr darauf einzelne Skills der Mitarbeiter zu verbessern, worauf es aber wirklich ankommt, ist die Entwicklung eines ausgeprägten Unternehmergeistes! Warum? Weil sich unsere Arbeitswelt rapide ändert, Routineaufgaben übernimmt ein Prozessor, die Arbeit bekommt immer mehr Projektcharakter, Unsicherheit ist die neue Konstante und jeder Einzelne wird zu seinem eigenen Chairman.

Das ist auch der Grund, warum ich dafür plädiere, dass jeder, ich meine ausdrücklich jeder die Verantwortung und Kompetenz für die eigene Entwicklung erhält. In diesem Sinne gilt, wer den Kampf ums Talent gewinnen will, muss dem Talent erst einmal freie Hand lassen. Talente müssen vollen Handlungsspielraum erhalten und ohne Barrieren mit jedem kommunizieren können. Wer etwas tut, muss umfassende Informationen und volle Entscheidungsbefugnis haben – Befugnis zu guten und schnellen Entscheidungen. Anders ist die Sache angesichts neuer Technologien und zunehmenden Wettbewerbstempos nicht mehr zu machen.

Ich sah einmal den Werbespot einer Versicherung, ich erinnere mich nicht mehr, welche es war, an die Story erinnere ich mich aber sehr gut. Auf einem Ozeandampfer geht ein Mann über Bord, ein Matrose sieht es, warnt seinen Vorgesetzten, der wiederum seinen Maat, dieser den ersten Offizier, bis die Meldung »Mann über Bord« schließlich beim Kapitän ankommt, dieser fragt: »Ach wirklich?« und gibt das Kommando »Rettungsring

ins Wasser«. Viel zu oft erinnern mich die Kommunikations-
und Entscheidungswege in Unternehmen an diesen Werbespot.
Schaffen Sie einen offenen Zugang zu Informationen und geben
Sie Entscheidungsfreiheit. Erinnern Sie sich an das im ersten
Kapitel beschriebene Computersystem, das dem Käufer bei
Lieferverzögerung eines bestellten Notebooks selbstständig ein
Angebot mit einem 45 Prozent Rabatt über ein sofort lieferbares,
teureres aber auch besseres Modell machte – der Mikropro-
zessor besorgt den Rest. Sie können sich lange umständliche
Entscheidungswege nicht mehr leisten.

Achten Sie auf Menschenbegabung, es gibt Menschen mit einer
besonderen Begabung für Menschen. Wenn wir in Zukunft
immer mehr davon leben, wie es uns gelingt, Talente zu finden,
zu fördern und zu fordern, dann müssen wir andererseits
Mitarbeiter mit der besten Begabung für Menschen zu Führungskräften machen. Viel zu oft befördern wir aber die besten
Ingenieure, Techniker, IT-Experten und so weiter. Schlimmer
noch, wir machen Technokraten wegen ihrer Brillanz und
ihres messerscharfen Verstandes zu Führungskräften. Aber
Technokraten sind, wie Patricia Pitcher schreibt, nicht nur
hell, analytisch und detailorientiert, sondern auch überhaupt
nicht menschenorientiert. Noch schlimmer, in der Regel klonen
Technokraten Technokraten, denn sie können auf zwischen-
menschlicher Ebene nur mit Technokraten und bevorzugen bei
Beförderungen diesen Typus. Aber wir brauchen keine Klone
sondern Typen mit Widerspruchsgeist.

Institutionen, die die große Schlacht ums Talent gewinnen wollen, zeigen Respekt! Wie die oben erwähnte Befragung unter 20
bis 35-Jährigen ergab, sind deren Erwartungen an Unternehmen
insbesondere Anerkennung und Respekt, das gilt ganz besonders für die vielversprechenden Talente aus dieser Generation.
Was heißt das konkret? Es gibt bedingte und unbedingte Anerkennung, bedingte Anerkennung ist an eine konkrete Leistung
gekoppelt, vergleichbar etwa mit dem Lob für eines Ihrer Kinder,

wenn es eine hervorragende Klausur oder Klassenarbeit abge-
liefert hat. Unbedingte Anerkennung setzt keine entsprechende
Leistung voraus, Sie lieben Ihre Kinder doch auch, wenn sie gerade keine herausragenden Noten haben. Genauso verhält es sich
auch mit Mitarbeitern, sie erwarten Anerkennung für eine herausragende, lobenswerte Leistung, aber noch viel mehr erwarten
sie Wertschätzung und Respekt, die an keine entsprechende Vor-
leistung gekoppelt sind. Gerade Letzteres trifft ganz besonders
auf herausragende Talente zu, häufig brauchen sie kein explizites
Lob, denn die Tätigkeit, das Projekt, fesselt sie so, dass es kei-
nes weiteren Ansporns bedarf. Aber mit Wertschätzung verhält
es sich anders, Wertschätzung ist mehr, sie besteht aus dem Interesse für den ganzen Menschen und seinen Lebensumständen.
Sie drückt sich darin aus, wie sich das Unternehmen in ethischen,
gesellschaftlichen, ökologischen und in Familienfragen positio-
niert. Strahlt Ihr Unternehmen, strahlen Sie Respekt und Wertschätzung aus?

Ich erinnere mich an eine Bahnfahrt, während der ich mit
meinem Gegenüber ins Gespräch kam. Auf die Frage, was
mein Gesprächspartner beruflich macht, erwiderte dieser: »Ich
bin im Talentgeschäft.« Wie sich kurz darauf herausstellte,
war er Lehrer und berichtete mir mit einem Leuchten in den
Augen, dass er jeden seiner Schüler als absolut einzigartiges
Individuum ansieht, das sich auf einem ganz einzigartigen
Lern- und Entwicklungspfad befindet, da verbietet es sich von
selbst ausschließlich prüfungsbezogen zu unterrichten. Später
kamen wir auf das Thema Talent zu sprechen und er war der
Meinung, dass man Talent schwer kategorisieren kann, Talent
ist immer eine Frage des Einzelfalls, es lässt sich überhaupt
nicht standardisieren. Er hat absolut Recht! Es ist völlig abwegig,
Talent mit standardisierten Instrumenten messen und kategorisieren zu wollen. Im Leistungssport geht es zwar zunächst um
die Frage der Eignung durch Körpergröße beim Hochsprung,
beim Rudern oder beim Kugelstoßen, der Größe der Hände
und Füße beim Schwimmen, der langen Arme bei Diskus- und

Hammerwurf, der kurzen Arme beim Gewichtheben und der genetischen Vererbung von aerober oder anaerober Fähigkeit. Später geht es aber zu 98 Prozent um »immaterielle« Eigenschaften, wie innerer Einstellung, Wille und Lernfähigkeit. Erst dann entscheidet ein Trainer, ob ein Sportler ein Talent ist oder nicht. Und wenn es für den FC Bayern oder den THW Kiel absurd ist, Talent mit standardisierten Instrumenten zu ermitteln, dann ist es ebenso absurd für eine IT-Abteilung, ein fünfköpfiges Vertriebsteam oder eine Mitarbeiterin des Room Service. Wir sind alle einzigartig! Was für jeden der 18 Spieler des THW Kiel gilt, 18 vollkommen unterschiedliche Erfolgskriterien, gilt für jeden von uns!

Quelle: Fotolia

Fakt ist – manche Menschen sind talentierter als andere, manche sogar sehr, sehr viel talentierter. Mit Talent steht und fällt alles. Das Talent Ihrer Mitarbeiter ist das Ein und Alles Ihres Nutzenversprechens, es ist das Ein und Alles dessen, was Ihre Firma tut, was sie Ihren Kunden bieten, es ist die Grundlage aller Ergebnisse und Erlebnisse, es ist das Ein und Alles Ihrer Marke. Langfristig zählt nur Talent, was wäre das Marketing des FC Bayern, von Borussia Dortmund oder dem THW Kiel, wenn ihre Mannschaften nicht siegen würden?

Ich möchte an dieser Stelle noch an zwei wichtige Zielgruppen der Talentförderung erinnern, erstens an die Jugend und zweitens die Frauen. In Fragen der Jugend bin ich kein Verfechter eines Jugendwahns, aber wir leben in einer Zeit in der erstmals die Jugend besser mit Technologien vertraut ist, als ihre Eltern- und Vorgesetztengeneration. Laut einer neuen Studie aus Großbritannien kennt sich bereits ein Sechsjähriger mit digitaler Technologie durchschnittlich besser aus als ein typischer 45-Jähriger. In diesem Zusammenhang hat mich ein Experiment sehr fasziniert. In New Delhi wurden auf der Straße zwei Computer aufgebaut, zum Schutz gegen den Schmutz wurden sie mit Folie abgedeckt, waren aber funktionsfähig und jedermann zugänglich. Die Straßenkinder stürzten sich auf die Geräte und obwohl sie noch nie einen Computer bedient hatten und auch der englischen Sprache nicht mächtig, dauerte es nur acht Minuten, bis die Kids im Internet waren und zu surfen begannen.

Ihr technologischer Vorsprung verhilft den Jungen, fast noch Jugendlichen zu einem ungeahnten Machtzuwachs - die Jugend will die Welt verändern und tut es auch. Andererseits gibt es jetzt Programme zum Erwachsenwerden und zur Vermittlung von Lebenskompetenzen, wie Lions Quest, oder Hotels mit Gemeinschaftswaschräumen, um eine Begegnung in der realen Welt zu ermöglichen. Diese Entwicklungen machen deutlich, dass nicht nur Hightech sondern auch Hightuch eine Renaissance erfährt, dazu mehr im nächsten Kapitel.

Geben Sie der Jugend eine Chance? Wenn Sie meinen »Ja«, dann machen wir hier einmal die Nagelprobe und fragen mit Gary Hamel[26,27]: »Wann haben Sie in Ihrem Unternehmen das letzte Mal einen ganzen Tag mit jemanden unter 25 zugebracht?« Wie viele Mitglieder Ihres Vorstandes, Ihrer Geschäftsführungsebene, wie viele Ihrer Abteilungsleiter sind unter 35? Unter 30? Unter 25? Denken Sie daran, die jungen Leute werden die Technologien dominieren! Das war übrigens schon immer so, auch wenn wir es nicht wahrhaben wollen, Richard Feymann[28,29] stellte dazu fest: »Fast alle wichtigen physikalischen Entdeckungen wurden von unter 25-Jährigen gemacht.«

Neugier und Zweifel sind der Benefit der Jugend – die Nutzung unseres intellektuellen Kapitals erfordert Neugier und Zweifel, diese werden mit Erfolg belohnt, nicht Fügsamkeit, die häufig verlangt wird. Richard Feymann dazu: »Wir müssen unbedingt Raum für Zweifel lassen, sonst gibt es keinen Fortschritt, kein Dazulernen. Man kann nichts Neues herausfinden, wenn man nicht vorher eine Frage stellt. Und um zu fragen, bedarf es des Zweifelns.«

Wenden wir uns den Frauen zu. Wir suchen Talent an allen möglichen und unmöglichen Orten, nur nicht an den nahe-liegenden Stellen, bei den Frauen. Sie machen die Mehrheit der Weltbevölkerung und damit der Konsumenten aus und in Deutschland stellen sie ca. 50 Prozent der Studienabsolventen. Dass ihr prozentualer Anteil zwischen Studienanfängern und Studienabsolventen steigt, besagt übrigens auch, dass ihre Ab-bruchquote geringer ist, als bei den Männern. Es gibt sogar einen eindeutigen Zusammenhang zwischen Unternehmenserfolg und Frauenanteil, einer Untersuchung von 22 000 Firmen aus 91 Ländern zufolge ist der Gewinn umso größer, umso höher der Frauenanteil insbesondere in der zweiten und dritten Führungs-ebene ist. Dabei ist es für einen nachhaltigen Erfolg besonders wichtig, Frauen während ihrer gesamten Firmenkarriere zu fördern. Lassen Sie keine Möglichkeit ungenutzt, verschenken Sie keinen Gewinn!

Auf den Punkt

- Wir müssen uns ändern.
- Die wirklich abgefahrenen Dinge werden ganz selten von »Schlipsträgern« entwickelt.
- Ergebnisse – Erlebnisse – Träume – Inspiration.
- Graue Abteilungen fangen keine bunten Vögel.
- Talent muss man »wittern«.

- Anlage + Training, Training, Training.
- 30 Stunden im Jahr – beschämend.
- Talent = Leidenschaft, Flexibilität, Enthusiasmus.
- Talent = andere inspirieren.
- Talent = belastbar.
- Talent = Tat.
- Talent = abgefahrene Ideen und Projekte.
- Talent = Umsetzung.
- Talent = Spaß.
- Talent = Wille.
- Talent = Lockvogel.
- Intelligenz ist vielfältig.
- Talent an erster Stelle = Talentbesessenheit.
- Himmelhohe Standards.
- Talentbewertung = Führung = direkter Kontakt.
- Talentförderung heißt Chancen einräumen.
- Wertschätzung und Respekt.
- Das Talent Ihrer Mitarbeiter ist das Ein und Alles Ihres Nutzenversprechens.

5 Kreativität und Eigenständigkeit

KLAGE – Wir können nicht jeden sein Lied singen lassen ...

Unsere Personalentwicklung wurde für die industrielle Ära konzipiert – ein Zeitalter in der die Mitarbeiter ihren Platz zu kennen hatten, in der die Unternehmen standardisiertes, vereinheitlichtes und vor allem austauschbares »Humankapital« benötigten.

Zukünftig müssen wir uns einer Welt stellen, in der Wertschöpfung fast ausschließlich das Ergebnis individueller Initiative und Kreativität sein wird.

Mehr desselben hilft uns nicht weiter, mehr Vereinheitlichung, mehr Tests, mehr Konformität, mehr Einförmigkeit, mehr Instrumente. Psychiater nennen »mehr desselben« übrigens Neurose.

TRAUM – Ich glaube ...

... dass wir Strukturen entwickeln können, in denen Lernen natürlich und Liebe zum Lernen normal ist.

... dass echtes Lernen leidenschaftliches Lernen ist.

... dass Fragen wichtiger sind als Antworten.

... dass wir Organisationen brauchen, die ihren Führungskräften die erforderlichen Handlungsspielräume gewährt, um ihre und die Arbeit ihrer Mitarbeiter mit Kreativität zu füllen.

Gegensätze!

Bisher	In Zukunft
Delegationsprinzip	Unternehmergeist
Kontrolle	Vertrauen
Gebote	Fantasie
Vorgaben	Freiräume
Planung	Improvisation
Militärkapelle	Jazz-Band
Neue Wege	Querfeldein laufen
Einförmigkeit	Vielfalt
Normalos	Schräge Typen
Glatte Karrieren	Brüche in Lebensläufen
Gewohnheiten	Experimentieren
Normalität und Routine	Mikroprozessoren

Quelle: Fotolia

Eine Studienfreundin war begeistert von der Kibbuz-Idee, der genossenschaftlichen Siedlung gleichberechtigter Mitglieder, in der es kein Privateigentum gibt und in der viele Einrichtungen des täglichen Lebens kollektiv organisiert sind. Neben einem Schuss Sozialromantik kam dazu noch ihre zunehmende Frustration über die bürokratischen Einschränkungen, denen sie in ihrem Job unterworfen war. Als ehemalige Trainerin und Freelancerin war sie jetzt in einem großen Unternehmen angestellt – Ihr Credo war immer wieder »Mauern überall Mauern«. So setzte sie einen lange gehegten Wunsch in die Tat um und fuhr nach Israel, um einem Kibbuz beizutreten. Sie wollte aber keine Mitnadevet (Volontärin) sein, die für ein halbes Jahr im Kibbuz mitarbeitet und dann wieder in die Heimat zurückkehrt, nein sie wollte ihr Leben radikal ändern und vollwertiges Mitglied des Kibbuz werden. Nach Jahren sahen wir uns wieder und tauschten bei einem Glas Wein unsere Erfahrungen aus. Sie berichtete vom Leben im Schatten der Golanhöhen, beschrieb, wie sich das Geschäftsmodell des Kibbuz unter den wirtschaftlichen und gesellschaftlichen Zwängen vom klassischen Kibbuz Schitufi, mit Einheitsgehältern, kollektivem Besitz und umfassender Versorgung zum Kibbuz Mitchandesch, mit Privatbesitz und leistungsabhängiger Bezahlung wandelte. Das Interessante an ihrem Bericht war aber, dass nicht die veränderten Bedingungen den Niedergang ihres Kibbuz herbeigeführt haben, sondern sein Management, welches viel vom menschlichen Potenzial des Kibbuz verschwendete, weil unnötige Restriktionen die Leistungskraft der Mitglieder stark beeinträchtigten. Sie stand auf und sagte, da haben mich die Mauern eingeholt, denen ich von hier entfliehen wollte und sie schloss mit den Worten: »Wenn Du mich fragst, so ist das Wichtigste am Management seine Kreativität.« Dann verabschiedete sie sich und ging zu ihrem Taxi.

Tatsächlich ist die Fähigkeit, die Entfaltung der Schöpferkraft der Mitarbeiter zu ermöglichen, eine der wichtigsten

Voraussetzungen für die Wirksamkeit des Managements - denken Sie daran, wir leben im Talentzeitalter. Wenn Sie sich selbst aber für wenig kreativ halten, dann können Sie leicht den Eindruck gewinnen, dass schöpferische Menschen in der Bevölkerung sehr rar sind. Aber vielleicht haben Sie auch nur einen zu engen Kreativitätsbegriff, denn schöpferische Menschen finden sich in allen Lebensbereichen. Da ist der oben genannte Lehrer aus dem »Talentgeschäft«, der versucht seine Methoden an das unterschiedliche Lerntempo und die unterschiedliche Lernweise seiner Schüler anzupassen. Er setzt auf Lernen nach Interesse und Lernen durch Praxis (Projekte und Erlebnisse). Da ist der Gepäck-Mann am Flughafen, der kontrolliert, ob das Karussell für das Gepäck am Ende auch wirklich leer ist, natürlich ist das seine Plicht und nichts Besonderes. Er ist aber auf die Idee gekommen, das Rondell nach abgefallenen Adressanhängern abzusuchen. Die werden üblicherweise von der Reinigungsfirma beseitigt. Er aber sammelt diese Anhänger und schickt sie den Fluggästen mit einem kleinen Kärtchen zu. Wer einen teuren Koffer mit passendem Adressanhänger hat, ist traurig, wenn er ihn verliert. Diese schöpferische Idee des Gepäck-Mannes bereitet nicht nur Freude, sie dient auch der Kundenbindung und damit dem Unternehmen. Da ist die Mitarbeiterin in der Kantine eines großen Unternehmens, sie verteilt handgeschriebene Kärtchen auf den Tischen, darauf steht: »Ich wünsche Ihnen eine besonders angenehme Mahlzeit und einen schönen Tag.« Sie wollte den Mitarbeitern nicht nur eine Freude machen, sondern auch die Alltagshektik, die viele aus ihren Büros mitbrachten, etwas entschärfen. Besonders beeindruckt hat mich ein Mitarbeiter, dem beim Duschen die Idee kam, die Begleitheizungen der Transportleitungen, die in seiner Firma die Produkttemperatur konstant halten, nicht mehr als feste Wendel aus Kupferleitungen zu fertigen, sondern flexibel zu gestalten, ähnlich dem Metallschlauch seiner Dusche. Später wurde dieses Verfahren im gesamten Konzern angewendet – eine Ersparnis von mehreren Millionen!

Es lassen sich tausende dieser Beispiele finden, schade, dass die innovativen Fähigkeiten so vieler Mitarbeiter dennoch verkümmern – in einer Zeit, in der es auf ihr intellektuelles Potenzial ankommt, können wir uns das nicht mehr leisten.

Was ist aber der Schlüssel zur Kreativität der Mitarbeiter? Ich denke Unternehmergeist! Machen Sie Mitarbeiter zu Mit-Entscheidern, Mit-Denkern, Mit-Veränderern. Ich meine das nicht im Sinne des üblichen Delegationsprinzips oder Neudeutsch Empowerment, ich meine das im Sinne eines echten Unternehmertums. Denken Sie an den Gepäckmann, er ist KEIN GEPÄCKMANN, er ist ein Unternehmer, indem er seinen Kontakt mit dem Kunden für diesen zu einem erfreulichen Ereignis macht. Ich erinnere mich an einen Bauunternehmer, er war sichtlich genervt, dass er immer wieder den sorgsamen Umgang mit Maschinen und Werkzeugen anmahnen und kontrollieren musste. Dann entschloss er sich zu einem anderen Schritt, er räumte jedem Mitarbeiter ein jährliches Budget von 1500,- Euro ein, um defekte, verschlissene oder verlorengegangene Werkzeuge und Maschinen auf Eigeninitiative zu ersetzen. Geht der Mitarbeiter sorgsam mit seinen Arbeitsmaterialien um, steht ihm das Budget anderweitig zur Verfügung. Und siehe da, der Verschleiß an Werkzeugen nahm drastisch ab. Ganz besonders fiel auf, dass kaum noch Maschinen oder Werkzeuge verloren gingen bzw. auf Baustellen liegen gelassen wurden. In einem anderen Fall räumte ein Hotel der Spitzenklasse seinem Personal, von der Rezeption, dem Pagen bis zum Housekeeping einen Finanzrahmen von 2000 Euro ein, um eventuell auftretende Probleme von Gästen zu lösen, und zwar sofort, ohne die obligaten fünf Unterschriften irgendwelcher hochgestellter Personen. Eines ist dabei absolut klar, ohne Vertrauen in das jeweilige verantwortliche Team, ist Unternehmergeist und Kreativität nicht machbar.

Was braucht man, um aus jedem Arbeitsplatz ein Unternehmen zu machen? Vertrauen und Fantasie! Ich bin überzeugt, dass

80 Prozent der Mitarbeiter das Zeug zur Entwicklung von Unternehmergeist haben. Ermöglichen Sie den Mitarbeiter zu lernen, am großen Spiel des Business mitzuwirken. Ermöglichen Sie ihnen zum Beispiel uneingeschränkte Einsicht in die Firmenbilanz, lassen Sie sie unmittelbar sehen, wie sich ihr individueller Beitrag auf Gewinn und Verlust auswirkt.

Worum es bei diesem Ansatz geht? Jeder ist ein Unternehmer, jeder ist einzigartig, jeder ist kreativ – Es geht um hervorragenden Kundenservice!

Der Anteil der Berufstätigen, die in Deutschland ein Ehrenamt ausüben liegt bei 27 Prozent. Befragt nach den Gründen, geben viele an, helfen zu wollen, etwas Sinnvolles tun, daneben spielen auch individuelle und öffentliche Anerkennung und Spaß eine Rolle. Ich finde es einerseits gut, wenn sich Menschen für das Gemeinwohl engagieren, andererseits lassen sich die Gründe auch so interpretieren, dass man im Geschäftsleben mit wenig Sinnvollem beschäftigt ist, wenig Wertschätzung erfährt und Spaß auf der Strecke bleibt.

Ich halte es aber für die oberste Pflicht einer Führungskraft, dafür zu sorgen, dass alle Mitarbeiter ihren Kindern, Ehepartnern und Freunden stolz von ihrer täglichen Arbeit erzählen können! Wenn Sie damit nicht einverstanden sind, dann legen Sie das Buch an dieser Stelle am besten weg.

Auch wenn Sie das Buch jetzt noch nicht zur Seite gelegt haben, so mag mancher bei dem Gedanken an eine Organisation, die aus einer Vielzahl von Einzelunternehmern besteht ein etwas flaues Gefühl im Magen gehabt haben, endet so etwas nicht in Anarchie und Chaos? Ich meine nein! Jedes gute Hotel benötigt einen Budgetplan. Ein Spitzenhotel ist aber nicht identisch mit einem spitzen Budgetplan – ein Spitzenhotel begeistert, ermuntert, erholt seine Gäste nach einer langen Anreise. In diesem kleinen Unterschied steckt die ganze Wahrheit über die obige Frage – die grundlegenden Prozesse müssen völlig präzise ablaufen. Auf der anderen Seite muss es den Mitarbeitern möglich sein, in vielen Bereichen des Kundenkontakts und Marketings völlig frei zu improvisieren.

Ich möchte an dieser Stelle wieder einmal den Sport und die Kunst bemühen, beide Bereiche lehren uns die Einheit von Präzision und Improvisation. Dagur Sigurdson, Josep »Pep« Guardiola (i Sala) – Mannschaftsaufstellung und Spieleinstellung, absolute Präzision. Gustavo Dudamel, Christian Thielemann, Anton Bruckner Symphonie Nr. 3 d-Moll … die Partitur seit 125 Jahren unverändert - absolute Präzision. Aber sie können den Job nicht selbst erledigen, und das ist die gute Nachricht daran, Dagur Sigurdson ist nicht so gut wie sein Kreisläufer, Pep Guardiola nicht so gut wie Robert Lewandowski und Christian Thielemann spielt die Violine längst nicht so virtuos wie sein erster Geiger Roland Straumer. Sie alle haben überhaupt keine andere Möglichkeit, als das Potenzial anderer zu entwickeln. Einem Dagur Sigurdson käme es nie in den Sinn, sich bei der ersten sich bietenden Gelegenheit in den Kreis zu stellen, schließlich war er doch selbst einmal Vierter der Europameisterschaft. Leider unterliegen Vorgesetzte häufig noch diesem Impuls, mit verheerenden Folgen, sie zerstören damit das Gefühl von Selbstverantwortung und Kontrolle der jeweiligen Mitarbeiter.

Ein Theaterstück oder eine Partitur bilden sozusagen die grundlegenden Prozesse, da muss alles mit absoluter Präzision ablaufen, darüber hinaus ist die Bühne oder der Konzertsaal der beste Ort dafür, über sich hinauszuwachsen und mehr zu werden, als man sich vorstellen kann. Herausragendes Dirigieren – Musizieren, Regieführen, Schauspielern, Coachen – Spielen bedeutet, sich gegenseitig weiterzubringen, weiter, als man allein jemals hätte kommen können. Um mit den Worten von Joachim »Jogi« Löw zu sprechen: »Die Spieler brauchen ein hohes Maß an Lob und Wertschätzung - aber sie brauchen auch konstruktive Kritik. Ich glaube, dass man heute in der Lage sein muss, den Spielern ihre Stärke klarzumachen.«

Bruckners Symphonie Nr. 4 wird wahrscheinlich in Berlin oder Dresden zum zigsten Male aufgeführt, die Partitur ist unverändert. Was sie aber so besonders macht, ist, dass ein Kritiker schreibt[30]: »Immer wenn es laut wurde, bekam Thielemann beeindruckende Wirkungen zustande. Ich hörte das strahlendste, schmetterndste Es-Dur seit langem. Die Coda von Satz 1 habe ich noch nie so gut zu Ende gebracht gehört.« Das ist die Kreativität eines Christian Thielemann im Zusammenwirken mit seinen Musikern, ist Innovation, oder um seinen künstlerischen Ziehvater Herbert von Karajan zu bemühen: »Orchester haben keinen eigenen Klang; den macht der Dirigent.«

Spitzenleistungen entstehen unter »straff – lockerer Führung«[31], besser kann man es nicht ausdrücken, grundlegende Prozesse – absolute Präzision, chaotische Zeiten - Improvisation.

Quelle: Fotolia

Ein Seminarteilnehmer fragte mich: »Was soll ich nun zur Förderung der Kreativität tun? Ein kreatives Klima im Team erzeugen oder die Entwicklung eines einzelnen Mitarbeiters fördern?« Meine Antwort war: »Das ist der falsche Ansatz – es sind keine Alternativen!« Bemühen wir noch einmal Kunst und Sport. Die Worte von Moliere, Kleist, Schnitzler: absolute Präzision, dennoch wird sich ein hervorragender Regisseur darum bemühen, selbst einen Darsteller der kleinsten Nebenrolle in die Lage zu versetzen, in seinem Spiel über sich selbst hinauszuwachsen. Waren Bennis[32] sagte dazu: »Das Beste, was eine Führungskraft für eine Großartiges Team tun kann, ist die Teammitglieder ihre eigene Größe entdecken zu lassen.« Die Formel lautet Teamarbeit x funky (abgefahrene) Einzelleistung = Spitzenteam.

Die klassische Führungslehre unterscheidet zwei Führungsfunktionen: Lokomotion und Kohäsion. In ihrer Lokomotionsfunktion fördern Führungskräfte die Aufgabenerfüllung und Zielerreichung in Ihrem Verantwortungsbereich. Tatsächlich ändern sich aber die Bedingungen derartig rasch, die Anforderungen durch moderne Technologien nehmen derartig zu, dass eine klassische Lokomotion kaum mehr möglich sein wird. Ein hervorragendes Gleichnis dazu lieferte Stanley Cruch[33], er schreibt: Im digitalen Zeitalter, in dem Informationen immer schneller fließen … und wir die Arbeitswelt ständig neu erfinden, werden sich unsere Organisationen und unsere berufliche Laufbahn immer stärker an einem Jazz-Ensemble orientieren … Wir werden improvisieren, mit immer größerem Selbstvertrauen, und die Angst vor der Kraft der Fantasie des Einzelnen, die der Bereicherung des Ganzen dient, immer mehr verlieren.« Lokomotion wird immer mehr einer Jam-Session gleichen, die Stücke und deren harmonische Schemata und Melodien sind allen Musikern bekannt – Präzision – darüber hinaus wird frei improvisiert.

Die Bedeutung der Kohäsion hingegen nimmt immer mehr zu, denn Kreativität und Individualität in einem Team, einem Unternehmen, einer Organisationseinheit, zusammenzuhalten und zu einer großartigen Leistung zu vereinen, ist wahrscheinlich die größte Herausforderung für eine Führungskraft. Sie muss den Klebstoff liefern, der unabhängige Einheiten, unabhängige, unternehmerische Mitarbeiter in einer chaotischen Businesswelt zusammenhält. Das Element, dass diesen zerstörerischen und zentrifugalen Kräften am besten standhält ist Vertrauen, schreibt der amerikanische Autor und Manager James O'Toole[34]. In Kapitel vier habe ich von der zunehmenden Bedeutung von Lebenskompetenz gesprochen, tatsächlich ist es so, dass mit zunehmendem technischen Fortschritt die Bedeutung menschlicher Nähe – O'Toole würde es Vertrauen nennen – immer mehr zunimmt. Was heißt das aber auf operativer Ebene? Mir fällt dazu eine Begebenheit ein. Ein großer deutscher Spielehersteller setzte das Thema »Vertrauen« auf die Tagesordnung seiner Vorstandssitzung. Dabei kam die Sprache auf die an den Eingängen befindliche Zeiterfassung: »Wenn wir es mit dem Vertrauen ernst meinen, dann müssen wir derartige Systeme grundlegend in Frage stellen«, gab ein Vorstandsmitglied zu bedenken. Und so wurde es auch umgesetzt, die Mitarbeiter wurden gefragt, ob man die Zeiterfassung als Instrument der Mitarbeiterkontrolle abschaffen solle. Die Mitarbeiter sprachen sich aber letztendlich mehrheitlich gegen die Abschaffung der Zeiterfassung aus.

Nehmen Sie das Thema Vertrauen ernst, sehr ernst sogar und setzten Sie es immer wieder ganz oben auf die Agenda. Kreativität gedeiht nur in einem vertrauensvollen Umfeld!

Gewinnen Sie mit der Vielfalt! Das Chaos, die Unberechenbarkeit der neuen Businesswelt sind der Nährboden für Kreativität und Fortschritt – neue Wege? Fehlanzeige, Sie müssen querfeldein laufen! Und während die unterschiedlichsten Menschen, mit den unterschiedlichsten Ideen viel Chaos erzeugen, entsteht aus diesem Wettstreit schließlich eine großartige, weltverändernde

Idee. Gute Ideen entspringen laut Nicholas Negroponte[35,36] aus Gegensätzen und unorthodoxen Zusammenstellungen. Ein solches Gemisch entsteht am ehesten, wenn man verschiedene Altersgruppen, Kulturen und Fachgebiete mischt. Um es mit Steve Jobs zu sagen, jedes Produkt kann wahnsinnig großartig sein, eine wichtige Voraussetzung dazu sind großartige, interessante und vielfältige Leute. Er heuerte für sein Produktentwicklungsteam bevorzugt Leute mit ungewöhnlichen Lebensläufen an. Gemäß seinem Credo: »Beschäftigen Sie sich mit dem Besten, was Menschen je geschaffen haben, und versuchen Sie dann, diese in Ihre Arbeit und Ihr Handeln einzubringen«, heuerte er neben Ingenieuren und Technikern auch Künstler und Historiker an. Dieser Akzent führte zu einem verstärkten Einfluss der Ästhetik auf die Produktentwicklungen und zu einigen spektakulären Produkten.

Die *Business Week* schrieb schon im Jahr 2002, dass die Fähigkeit, Fremde einzugemeinden darüber entscheiden könnte, ob eine Nation in einer globalisierten Welt wächst oder stagniert. Die weltweit zunehmende Globalisierung erfordert mehr Interaktion zwischen Menschen aus unterschiedlichen kulturellen Hintergründen. Wir leben und arbeiten nicht mehr auf einer Insel, sondern sind Teil einer weltweiten im globalen Rahmen konkurrierenden Wirtschaft. Vielfalt als wichtige Quelle der Kreativität – Lebensgrundlage der Nationen. Das lässt so manche Diskussion um Einwanderung und Flüchtlingsproblematik in einem anderen Licht erscheinen.

Fördern Sie die Vielfalt und suchen Sie die Schrägen! Finden Sie Brüche in den Lebensläufen, um es mit Tom Peters[37] zu sagen: »Wer seit seiner Geburt ein normales Leben geführt hat, und sei es mit ›Brillanz‹, lässt nicht erwarten, dass er morgen seltsame, coole und abgefahrene Dinge auf die Beine stellt. Einmal Linientreter, immer Linientreter … « Und weiter: »Stellen Sie niemanden mit einem Zensuren Durchschnitt von

1,0 ein ... ein 1,0-Durchschnitt heißt: absolut null Zeit für eine andere Beschäftigung.«

Rebellen – engagieren.

Rebellen – ertragen.

Ernten Sie die Früchte ihrer Rebellion!

Was können Sie noch zur Förderung der Kreativität in Ihrem Unternehmen, ihrer Organisationseinheit tun?

Kreativität braucht Disziplin, denn in kreativen Prozessen gibt es immer wieder Phasen, die mit Schwierigkeiten, Hindernissen und Problemen verbunden sind. Diese lassen sich überwinden, wenn man nicht vorzeitig aufgibt. Ermuntern Sie deshalb Ihre Mitarbeiter immer wieder zum Weitermachen.

Gewohnheiten sind Feinde der Kreativität. Fördern Sie eine Kultur des Zweifelns und Hinterfragens. Prüfen Sie Vorgehensweisen auf Herz und Nieren. Stellen Sie immer wieder die »Warum-Frage«.

Gefühle von Angst, Druck und Stress behindern die im Schaffensprozess notwendigen emotionalen Sprünge. Schaffen Sie ein angstfreies Klima, in dem Experimentieren und Fehler erlaubt, ja geradezu erwünscht sind.

Kreative Bemühungen werden vom Wunsch nach Wandel angetrieben. Der Wunsch nach einer Veränderung kann aus einem individuellen Bedürfnis entspringen oder aus einem äußeren Anlass entstehen. Letzterer entsteht aus dem Gefühl der Begrenztheit des Bisherigen, der Notwendigkeit von etwas Neuem – erzeugen Sie eine Quasi-Krise mit der Frage: »Was passiert, wenn wir nichts tun?«

Normalität bedeutet noch viel zu oft, die Tage mit Routinetätigkeiten zu verbringen, die Zeit und Energie verbrauchen. Hier bietet die neue Business-Welt eine echte Chance zur

Befreiung. Nutzen Sie alle Chancen Routinetätigkeiten zu automatisieren und Ressourcen für kreatives Denken freizusetzen. Denken Sie daran, der Prozessor erledigt den Rest!

»Humor ist das Loch, durch das die Wahrheit pfeift!«, sagt ein Sprichwort und Kreativität bedeutet mit Ideen spielerisch umgehen, Problemlösungen entstehen häufig aus fantastischen, abgefahrenen Ideen. Ausufernde Gedankenspiele sind mit messianischem Ernst nicht vereinbar. Fördern Sie die Lust am spielerischen Denken, fördern Sie den Spaß und die Lockerheit im Umgang. Richard Feymann sagte dazu: »Wissenschaft ist wie Sex. Manchmal kommt etwas Sinnvolles dabei raus, das ist aber nicht der Grund, warum wir es tun.«

Machen Sie Ihren Mitarbeitern Lust auf Abenteuer, indem Sie Ihre Weltsicht ändern. Beginnen Sie am besten damit, die Frage: »Was können die Mitarbeiter für uns tun?« durch die Frage: »Was können wir für die Mitarbeiter tun?« zu ersetzen. Bieten Sie Ihren Mitarbeitern Chancen, ihre eigene Identität und ihre eigenen Fähigkeiten zu entwickeln und so Selbstverantwortung für ihren eigenen Berufsweg zu übernehmen. Hören Sie auf mit Seminaren die Persönlichkeit Ihrer Mitarbeiter »entwickeln« zu wollen, sollte es dort ein Defizit geben, dann überlassen Sie das bitte qualifizierten Therapeuten.

Auf den Punkt

- Wirksames Management = Entfaltung der Schöpferkraft der Mitarbeiter.
- Schöpferische Mitarbeiter sind nicht selten.
- Unternehmergeist ist mehr als Empowerment.
- Ohne Vertrauen kein Unternehmergeist.
- Auf die geleistete Arbeit stolz machen.
- Fantasie.

- Spitzenleistung $\neq$ Budgetplan.
- Spitzenleistung $=$ Perfektion $+$ Improvisation.
- Selbstverantwortung heißt tun lassen.
- Mitarbeiter ihre eigene Größe entdecken lassen.
- Teamarbeit x funky (abgefahrene) Einzelleistung $=$ Spitzenteam.
- Unternehmen, Abteilung, Team $=$ Jazzensemble.
- Großartige, interessante, vielfältige Leute $=$ Großartige Produkte.
- Fördern Sie die Vielfalt und suchen Sie die Schrägen!
- Rebellen – engagieren.
- Rebellen – ertragen.
- Humor.

6 Individuum und individuelle Führung

KLAGE – Wir sind auf uns selbst gestellt ...

Natürlich sehnen sich viele nach einer sicheren Perspektive in einer großen fürsorglichen Organisation, auch zum Preis der Anpassung!

ABER – die Veränderungen in der Arbeitswelt verlangen nichts weniger als die Neuentdeckung der Rolle des Individuums.

Eines Individuums, das sein Schicksal selbst in die Hand nimmt, dessen Berufskarriere aus zahlreichen Projekten in kleinen und großen Unternehmen besteht. Das seine Entwicklung selbst bestimmt und KEINER wie auch immer gearteten Organisation zum Preis des Gehorsams überlässt! Beunruhigend. UND. Aufregend!

TRAUM – Ich glaube ...

... dass sich die Arbeitswelt zu einer Kreativwelt entwickelt, in der Projekt auf Projekt und Auftrag auf Auftrag unsere berufliche Entwicklung bestimmen werden.

... dass die abhängigen Bürosklaven aussterben, die Agenten in eigener Sache aber überleben werden.

... dass wir wirklich eine Leben lang lernen (müssen).

Gegensätze!

Bisher	In Zukunft
Erfolg = Zunahme von Prestige und Einkommen	Entwicklungswege mit Brüchen
Standardisierung	Individualisierung
Belohnung von Gehorsam und Anpassung	Persönlichkeit als Marke
Einheits- oder Standardmitarbeiter	Individuum als Ganzheit

Gegensätze! (*Fortsetzung*)

Bisher	In Zukunft
Die Kraft großer Organisationen	Unternehmer in eigener Sache
Überregulierte Organisation	Ich & Co.
Widerspenstigkeit brechen	Besonderheiten der Mitarbeiter nicht verändern
Erzieherische Attitüde	Unverwechselbare Persönlichkeit entwickeln
Normerfüllung	Wert der Kreativität
Vereinheitlichung und Organigramm	Interessen und Neigungen
Führungsinstrumente	Einzigartigkeit
Leitbilder und Normen	Unterschiedlichkeit
Veränderungs- oder Erziehungsauftrag	Vorurteilsfreie Wertschätzung
Verallgemeinerung	Unterscheidung
Sicherheit und vorgegebene Standards	Grenzüberschreitung und Risiko
Hierarchie	Kommunikation auf Augenhöhe
Scheinobjektive Instrumente	Subjektive Entscheidungen
Richtlinien	Handlungsfreiheit
Regulierung	Freiräume

Quelle: Fotolia

In unserer Gesellschaft wird das Bedürfnis, anders zu sein als andere, immer stärker. Den Dingen, die man kauft oder schon besitzt kann man einen besonderen persönlichen »Touch« geben. Noch vor gut 100 Jahren soll der legendäre Autobauer Henry Ford zu seinen Kunden gesagt haben: »Sie können den Wagen in jeder beliebigen Farbe haben - Hauptsache, er ist schwarz.« Einerseits ein gutes Stück Arroganz, andererseits ein Indiz dafür, wie gering die Wahlmöglichkeiten für die Kunden damals waren.

Heute liegt es voll im Trend anders zu sein als andere. Die Individualisierung umfasst nahezu alle Lebensbereiche. Vom Auto, Fahrrad, Motorrad, Smartphone, Möbel, Turnschuh, T-Shirt, Schmuck, ja sogar bis zum Frühstücksmüsli, ist es möglich den Produkten eine besondere persönliche Note zu verleihen. Jeder Verbraucher wird zum individuellen Marktsegment, welches mit speziell auf ihn zugeschnittenen Dienstleistungen und Produkten versorgt und individuell angesprochen wird.

Ob Ausbildung, Arbeit, Heirat, Kinder oder Tod – Individualisierung macht auch vor den Biografien nicht halt. Während man früher, angesichts der Risiken und Unwägbarkeiten unternehmerischer Betätigung, mehr auf den Karriereerfolg innerhalb einer betrieblichen Bürokratie setzte, denn da war der Erfolg gemessen an der Zunahme von Prestige und Einkommen gut vorhersehbar, kennen persönliche Entwicklungswege zunehmend nicht mehr nur eine Richtung, sondern sie verlaufen entlang neuer Brüche, Umwege und Neuanfänge. Sie sind zu »Multigrafien« geworden. Lernbereite, flexible Mitarbeiter verstehen ihre Karriere nicht mehr als lineare Aufwärtsbewegung, sondern als ein Kreuz und Quer zwischen spannenden Projekten.

Diese Mitarbeiter haben nichts, aber auch gar nichts mit den von Reinhard Sprenger beschriebenen »Bonsai Kapitalisten«[38] zu tun, die man sich als Persönlichkeitsmix aus »kreativem Zerstörer« und kleinen Beitz, Ottos, Benz und Nixdorfs vorstellte. Es ist tatsächlich schizophren, einerseits den unabhängigen Unternehmer zu fordern und andererseits eine hierarchische Organisation zu pflegen, die ausschließlich die gehorsame

Unterwerfung unter die Normen der Organisation belohnt. In diesen Strukturen ist die Forderung unternehmerisch zu handeln genau so absurd, wie die Forderung »sei doch mal spontan!«. Handelt man danach, ist man nicht mehr spontan (unternehmerisch), denn man tut es erst auf Anweisung. Vor diesem Hintergrund kommt es darauf an, um mit Max Weber[39] zu sprechen, jede, ausnahmslos jede Organisation daraufhin zu überprüfen, welchem menschlichen Typus sie die optimale Chance gibt, herrschend zu werden. Dem Ähnlichen? Oder dem Einzigen?

Doch die Organisationen werden sich wandeln, verändern wir sie nicht selbst, werden wir verändert. Der Prozessor verändert alles!

An die Kraft großer Organisationen, wie die Gewerkschaften, die für stabile Verhältnisse sorgen, glaubt man immer weniger. Stattdessen wird der Mitarbeiter zum Unternehmer in eigener Sache - konsequent zu Ende gedacht, sieht er sich als Ich & Co., als Ein-Personen-Geschäftseinheit und erwartet, dass er als solche behandelt wird, als etwas Einzigartiges, eben Individuelles. Die Grundidee von Ich & Co. ist, dass niemand anderes länger verantwortlich für die individuelle Karriere ist, als das Individuum selber. Niemand anderes ist für unser Leben, meines, Ihres, das Ihrer Mitarbeiter verantwortlich, als jeder selber. Es geht darum, in dem was man tut, stets so verdammt gut, präzise und zuverlässig zu sein, dass man eine von der Mundpropaganda gepriesene Ich & Co. wird, sprich eine MARKE. Wenn Sie sich lieber selbst rechenschaftspflichtig sind, wenn Sie nach Unabhängigkeit streben, werden Sie das nicht tragisch, sondern begrüßenswert finden. Für jeden Maler, Klempner und Heizungsbauer ist das tägliche Realität, lediglich in überregulierten Organisationen, in denen die Leistungs- durch eine Zugehörigkeitsmotivation ersetzt wurde, stellt dies ein Horrorszenario dar.

Ich & Co. als Marke ist mehr als ein cooles Projekt, ein abgefahrenes Produkt! Ich & Co. als Marke beantwortet die Fragen: Was

bin ich? Wofür stehe ich? Wie kann ich mich jenseits des Mittelmaßes positionieren? Ich & Co. als Marke geht davon aus, dass
jeder etwas Besonderes ist und sich als Marke zu verstehen, bedeutet nicht mehr und nicht weniger, sich zu einer unverwechselbaren Persönlichkeit zu entwickeln, zu seiner unverwechselbaren
Persönlichkeit zu stehen und der ganzen Welt bei jeder Gelegenheit davon zu erzählen.

Diese Entwicklung gibt uns einerseits immer mehr individuelle
Freiheiten, setzt uns aber auch immer stärker unter Entschei-
dungsdruck. Werte verändern sich – und mit ihnen die Anforderungen an eine zeitgemäße Führung. Die Besonderheit jedes
Einzelnen ist der Ausgangspunkt für die individuelle Führung
von Individuen, Das Individuum ist kein Stoff, der geformt werden muss, sondern eine Ganzheit, die es zu erfassen gilt. Es gibt
keinen Einheits- oder Standardmitarbeiter, jeder ist ein Einzel-
stück – individuelle Führung will von dieser Einzigartigkeit profitieren, das Besondere, Exzentrische mehren. Es kommt nicht
darauf an, den Mitarbeiter zu finden, der einem Anforderungs-
profil am nächsten kommt, sondern die Organisation zu individualisieren, das heißt, dem Individuum anzupassen.

Wenn Top-Trainer, wie Dagur Sigurdson oder »Pep Guardiola«
ihre Spieltaktik entwickeln, dann gehen sie nicht von einer
Wunschvorstellung aus und suchen dann die Spieler, die zu
dieser passen. Nein, sie gehen von den Spielern zur Spieltaktik.
Übersetzt in die Führungspraxis heißt das, Unterschiede zunächst zu erkennen und dann bei der individuellen Führung zu
beachten. Das bedeutet Besonderheiten der Mitarbeiter nicht
verändern wollen, auf jede erzieherische Attitüde verzichten,
Widerspenstigkeit nicht brechen, individuelle Motive nicht
ignorieren. Individuelle Führung ermöglicht den Mitarbeitern,
ihre unverwechselbare Persönlichkeit nicht nur zu zeigen,
sondern zu einer unverwechselbaren Marke zu entwickeln.

Wenn sich Führung bewusst wird, dass sie es mit einzigartigen
Individuen zu tun hat und das intellektuelle Kapital in den

Köpfen, der alles entscheidende Wettbewerbsvorteil der Zukunft ist, dann stellt sie den Wert Kreativität über Normerfüllung, die Interessen und Neigungen der Mitarbeiter über Vereinheitlichung und Organigramm. Dann versucht sie nicht Unverwechselbarkeit und Einzigartigkeit mit Führungsinstrumenten, Leitbildern und Normen zu vereinheitlichen. Sie sucht, ähnlich dem Trainer, die optimale Einsatzmöglichkeit für den Mitarbeiter, verzichtet aber darauf ihn schablonenhaft zu formen. Die meisten Führungskräfte haben mit ihren eigenen Kindern die Erfahrung gemacht, dass es fruchtlos ist, sie zu formen, man eher Gefahr läuft, sie zu verbiegen oder zu brechen, warum versucht man es dann immer noch bei Mitarbeitern? Unterstützen Sie Ihre Mitarbeiter vielmehr dabei, das zu werden und das zu entwickeln, was sie schon sind, eine unverwechselbare Persönlichkeit. Ich möchte hier noch einmal das Bild des Jazz-Ensembles aus dem Kapitel »Kreativität und Eigenständigkeit« bemühen, geben Sie jedem Mitarbeiter Raum, seine eigene Melodie zu spielen und die Möglichkeit, sich konstant mit anderen abzustimmen, dann wird daraus ein mitreißender Sound. Wie es eine Kunst ist, eine gute Jam-Session hinzubekommen, ist individuelle Führung eine Kunst. Eine Kunst, die Menschen im Sinne des Unternehmens gewähren lässt, die Unterschiedlichkeit schätzt, den Dissens und Diskurs als Bereicherung begreift und überzeugt ist, dass Individualität das langfristige Überleben des Unternehmens sichert und nicht gefährdet.

Die Triebkraft individueller Führung ist nicht die Normung des anderen, sondern die Begegnung mit einem anderen Menschen. Begegnung setzt vorurteilsfreie Wertschätzung voraus, diese verzichtet auf jeden erzieherisch-therapeutischen Anspruch. Es ist kein Veränderungs- oder Erziehungsauftrag zu erfüllen. Aber nahezu alle bisherigen Führungsmodelle haben den Anspruch der Veränderung oder Normung. Sei es das »Managerial Grid« von Blake und Mouton oder auch das Modell der »Situativen Führung« von Hersey und Blanchard. Das »Managerial Grid« geht von einem einheitlichen Mitarbeiter, einheitlichen

Anforderungen und einem einheitlichen Führungsstil aus. Hersey und Blanchard versuchen mit dem Modell der »Situativen Führung« einen dynamischeren Ansatz, am Ende läuft der Ansatz aber auch darauf hinaus, Mitarbeiter zu verändern und den Anforderungen anzupassen. Auch »modernere« Ansätze, wie die der »Transformationalen« Führung können ihre quasitherapeutische bzw. erzieherische Attitüde nicht abstreifen. Verstehen Sie mich bitte nicht falsch, ich bin kein Bilderstürmer und als akademisch ausgebildeter Psychologe durchaus ein Verfechter einer fundierten Psychodiagnostik – dort wo sie hingehört, in den therapeutischen Bereich. Aber mir gruselt, wenn man mit missionarischem und vor allem technokratischem Eifer versucht Führungs- und Mitarbeiterverhalten zu messen und damit auch zu normieren. Bei Formulierungen wie »mit dem Multifactor Leadership Questionnaire kann das Ausmaß transformationeller Verhaltensweisen einer Führungskraft erhoben werden« oder »das Gießener Inventar der Transformationalen Führungskompetenzen analysiert das Verhalten von Führungskräften unter dem Aspekt, welche Auswirkungen ihr Führungsstil auf das Verhalten ihrer Mitarbeiter hat«. Was glauben denn die Verfechter dieser Instrumente, welches Ergebnis ein Steve Jobs, Travis Kalanick, Eric Schmidt, Sergey Brin, Larry Page oder Bill Gates bei ihrem Test erzielt hätte? Am Ende läuft alles wieder nur auf Normierung hinaus, Normierung von Vorgesetztenverhalten, von Mitarbeiterverhalten, von Führung. Es geht aber nicht darum einen Erziehungsauftrag zu erfüllen, bei dem Werte und Einstellungen der Geführten umgestaltet werden sollen – werfen Sie diese Vorstellung über Bord, Sie haben keine Patienten vor sich!!!

Natürlich müssen die vitalen Interessen des Unternehmens gesichert werden – das ist Ihr zentraler Führungsauftrag. Worauf es dabei ankommt ist, den Mitarbeitern zu vertrauen, an ihren Leistungswillen zu glauben und sie in ihrer Individualität zu respektieren.

Es geht darum, Persönlichkeiten zu stärken – und nicht zu normieren! Man kann es nicht besser ausdrücken als der französische Schriftsteller Jules Renard[40,41]: »Der Gelehrte verallgemeinert, der Künstler unterscheidet.« Und individuelle Führung ist Kunst.

Individuelle Führung wird aber häufig nicht belohnt, in den Augen der Kontrolleure, Normierer und Standardisierer stellt sie eine Ordnungswidrigkeit dar, die mit einem Bußgeld zu belegen ist. Im schlimmsten Fall löst sie den Immunmechanismus der Organisation aus!

Das ist der perfekte Nährboden für einen Zynismus à la »Dilbert« und erklärt seine weltweite Popularität, denn die dargestellten Konflikte, Missverständnisse und Reibereien, die ihren Ursprung in einem Managementversagen haben, sind zwar überspitzt, aber durchaus real und vielen nur zu bekannt.

Wer individuell führt, überschreitet Grenzen, geht Risiken ein, übernimmt individuelle Verantwortung, verlässt die Sicherheit vorgegebener Standards – führt im Wortsinne unternehmerisch. Verantwortungsübernahme jeder Führungskraft, jedes Mitarbeiters ist der Stoff aus dem der zukünftige Erfolg der Unternehmen erwächst.

Wir brauchen eine Führung von mündigen Mitarbeitern durch mündige Führungskräfte, die Wandel, Dissens und Widersprüche bejahen, für die Individualität nicht bedrohlich erscheint, die in Verschiedenheit und Unsicherheit eine Chance sehen. Führung muss ein Geben und Nehmen mit Kommunikation auf Augenhöhe sein. Dabei muss den Mitarbeitern durchaus etwas zugemutet, aber auch zugetraut werden. Individuelle Führung ist kein Kuschelkurs, sondern anspruchsvoll, mit hohen Ansprüchen an die Mitarbeiter und an sich selbst – individuelle Führung ist in diesem Sinne Schinderei. Denn sie verzichtet darauf, Verantwortung an scheinobjektive Führungsinstrumente abzutreten und sich feige um subjektive Entscheidungen zu drücken, sie stellt sich täglich dem Anderssein, der Individualität des Einzelnen.

Lassen Sie Ausnahmen zu, behandeln Sie jeden Mitarbeiter als verschieden und besonders, als eine Ausnahme eben. Lassen Sie Ausnahmen und Verschiedenheit zu, so lange sie keine Nachteile für andere bringen. Ist das der Fall, dann ist Führung gefragt, dann müssen Interessen ausgeglichen und Vereinbarungen getroffen werden.

Als Unternehmer – vertrauen Sie Ihren Führungskräften, eröffnen Sie Möglichkeiten, die Zeiten sind hoffentlich vorbei, in der die Existenzberechtigung von Führungskräften darin bestand, in der Konzernzentrale zu sitzen und Memos von der einen Tischseite zur anderen zu bewegen. Prüfen Sie, ob Ihre Führungsentscheidungen Unterschiede ausreichend berücksichtigen, ob sie mehr Spielräume, mehr Freiheiten, mehr Verantwortung ermöglichen.

Wenn Sie individuell führen wollen, dann führen Sie auf keinen Fall so, wie Sie selbst geführt werden wollen – Sie sind nicht der Maßstab, das ist Anmaßung. Individuelle Führung entsteht im Dialog. Der Mitarbeiter ist dabei selbst für seine Arbeitszufriedenheit verantwortlich. Gleichbehandlung ist Gleichmacherei, behandeln Sie die Mitarbeiter nicht gleich sondern nach ihrer Besonderheit.

Natürlich hat Freiheit in Unternehmen auch Grenzen, aber erschlagen Sie nicht jede Handlungsfreiheit mit einer Richtlinie, damit erschlagen Sie auch jede Eigeninitiative und Kreativität.

Noch einmal, es geht um ein Mehr an Individualität, ein Weniger an Regulierung, ein Mehr an Subjektivität, ein Weniger an Standardisierung, ein Mehr an Freiraum, ein Weniger an Erziehung.

Was bewegt Menschen dazu, Spitzenleistungen zu vollbringen? Welche Gründe hat jemand, etwas Besonderes zu tun? Weil der Chef eine so tolle Führungskraft ist? Der Karriere wegen? Nein!

Spitzenleister bestimmt nicht! Die einzige Motivation, über die es sich im Zusammenhang mit Individualität überhaupt zu sprechen lohnt, ist Selbstmotivation. Talente möchten ihr Leben selbst in die Hand nehmen, sie möchten keine Schutzzone, sie hängen auch nicht an einer, wie es Tom Peters ausdrückte, »verlogenen Nostalgie der Scheißjobs«. Individuen und Individualität ist beinahe alles, was zählt – Mitarbeiter mit ihrer Kreativität und Organisationseffizienz. Individuen von denen bisher wirklich ehrlich als wichtiger Ressource nur die Rede war, wenn es um Kosten- und Kürzungsressourcen ging. Individuen sind aber keine Kürzungs- sondern Wertreserven. Aber menschliche Individualität ist eben nicht einheitlich, sondern individuell und daher für Unternehmen oft sperrig und schwer handhabbar.

In den Unternehmen herrscht aufgrund der technologischen Entwicklungen und der erforderlichen menschlichen und strukturellen Veränderungen ein Reformbedarf, der historisch nur mit dem Beginn des Industriezeitalters vergleichbar ist. Angesichts dieser Tatsachen müssen sich Unternehmen für den Unterschied, die Individualität, das Besondere, für neue Lebensstile und Lebensentwürfe öffnen.

Auf den Punkt

- Persönliche Entwicklungswege – Brüche, Umwege und Neuanfänge.
- Individualität als Gesellschaftstrend.
- Individuelle Karriere = Individuelle Angelegenheit.
- Ich & Co. als Marke = unverwechselbare Persönlichkeit.
- Jeder ist etwas Besonderes.
- Individuelle Führung – profitieren von Einzigartigkeit, das Besondere mehren.
- Organisationen individualisieren.

- Kreativität vor Normerfüllung.
- Mitarbeiterneigungen vor Vereinheitlichung und Organigramm.
- Führung ist die Begegnung mit einem anderen Menschen.
- Begegnung = vorurteilsfreie Wertschätzung.
- Weg mit allen therapeutischen Ansprüchen.
- Weg mit jeglicher Normierung.
- Individuen folgen keinen Standards.
- Individuelle Führung = Grenzüberschreitung = Risiken = individuelle Verantwortung.
- Kommunikation auf Augenhöhe.
- Ausnahme und Verschiedenheit zulassen.
- Goldene Regel – um Gottes Willen nein!
- Mehr Individualität!
- Weniger Regulierung!
- Mehr Subjektivität!
- Weniger Standardisierung!
- Mehr Freiraum!
- Weniger Erziehung!

7 Bedeutung, Geschichten, Vorbilder

KLAGE – Wie sollen wir nur nachhaltige Veränderungen initiieren ...

Immer noch versuchen wir Veränderungen zu verordnen und zu planen – meist vergeblich und häufig reicht dazu die Zeit nicht mehr.

Heute ist es nicht die Aufgabe von Führungskräften, Veränderungen zu erzeugen, sondern Change Agents zu finden, zu unterstützen und zu beschützen. Es gibt sie überall in der Organisation, die stillen Helden, die an funky Projekten arbeiten und inspirierend für andere sein können, es ihnen nachzumachen.

TRAUM – Ich glaube ...

... dass Führungskräfte ein Portfolio von abgefahrenen Mitarbeitern und funky Projekten haben werden.

... dass die Entwicklung dieser Portfolios sich anhand spannender Geschichten und überragender Beispiele beschreiben lässt.

... dass dies alles nicht auf Anweisung vonstattengeht, sondern Führungskräfte ihre Aufgabe darin sehen, eine funky Unternehmenskultur zu entwickeln, in der ein bunter Garten aus coolen Projekten erblühen kann.

Gegensätze!

Bisher	In Zukunft
Verordnete Ziele	Fesselnde Geschichten
Anweisungen	Förderung von Basisaktivitäten
Einmischungs- und Kontrolltendenzen	Freiheit und Vertrauen
Verordnete Kultur	Förderung von Helden
Detaillierte Planung	Fahren auf Sicht
Verwalten	Verkaufen
Sinnlosigkeit	Metaphern und Bedeutung
Verbesserung von Dingen die nicht funktionieren	Aufbau auf Dingen die funktionieren
Einsichtslernen	Modellernen
Status quo	Barrieren überwinden
Top-down	Bottom-up

Ich traf Nina Heiner als Teilnehmerin einer meiner Seminare, die quirlige 41-Jährige ist die Leiterin der 80-köpfigen Designabteilung eines Unternehmens in der Automobilbranche. Nina fiel mir als Erstes durch ihre pointierte Meinung zum Thema Führung auf. »Führen«, sagte sie im Seminar, »führen kann man Hunde, aber keine Menschen!« und dann wurde sie präziser: »Führung im Sinne einer instrumentellen Steuerung ist eine Illusion. Motivation ist ein innerer Bewusstseinsprozess und entzieht sich darum der gezielten Manipulation von außen, ich finde, auf Dauer tut jeder Mensch nur das, was er für sich als richtig empfindet – je nach Wesen und Eigenart.« Ich war, genauso wie die anderen Seminarteilnehmer, neugierig geworden und wollte wissen, wie es ihr gelingt, mit ihrer Abteilung Spitzenleistungen zu erbringen, und die erbrachte sie ohne jeden Zweifel. »Sehen sie«, sagte sie: »ich habe eine Projektleiterin und drei Projektleiter, jeden von ihnen sehe ich als eine Art Portfoliomanager an, dessen Portfolio aus Mitarbeitern und Projekten besteht. Dieses reicht von sicheren Anlagen mit durchschnittlicher Auszahlung bis zu riskanten

Investitionen mit hoher Rendite.« Dann berichtete sie mir davon, an welchen fantastischen, zum Teil auch verrückten Projekten ihre Mitarbeiter arbeiten. »Die Mitarbeiter haben Dinge in der Schublade, da bleibt Ihnen der Mund offen stehen«, fuhr Nina fort. Mir kam sofort in den Sinn, dass es genau das ist, was ich unter »Funky Projekten« verstehe und Führungskräften zu vermitteln versuche.

Wenn Nina ihre Projektleiter nach der Entwicklung ihres Portfolios fragt, und das tut sie regelmäßig, dann erzählen ihr diese fesselnde Geschichten und berichten von überzeugenden, »abgefahrenen« Beispielen, die ihnen ihre enthusiastischen Mitarbeiter liefern.

Geschieht dies auf der Grund-lage verordneter Ziele und erteilter Anweisungen? – Auf keinen Fall! Mit herkömm-licher, hierarchischer Füh-rung ist so etwas nicht zu erreichen. Es bedarf der Förderung von Basisaktivi-täten, vergleichbar mit der Erwartung an die Projektlei-terinnen und Projektleiter, »in ihrem Garten unzählige bunte Blumen blühen zu lassen« und damit nachhal-tig eine, von abgefahrenen Projekten geprägte, Unter-nehmenskultur entstehen zu lassen. »Ich verkaufe meinen Mitarbeitern nur den Dün-

Quelle: Fotolia

ger, darin sehe ich meine Berufung als Chefin und nicht im Mikromanagement«, erzählt Nina!

Das Zeitalter von Industrialisierung 4.0 und Bürorevolution ist geprägt von Projekten, Projekten, Projekten. Wie das Beispiel zeigt, verändert sich in diesem Kontext die Vorgesetztenrolle dramatisch. Es kommt darauf an, siehe oben, den Dünger für eine neue Unternehmenskultur zu liefern – aber wie? Zunächst müssen Führungskräfte mit alten Gewohnheiten brechen und das ist schon ein hartes Stück Arbeit.

Als erstes verabschieden Sie sich von dem Reflex, sich überall einzumischen. Falls zu Ihrem Führungsbereich Führungskräfte gehören, wie bei Nina, dann belohnen Sie auf keinen Fall Einmischungs- und Kontrolltendenzen Ihrer Führungskräfte, auch wenn es manchmal den Anschein hat, als würde es sich dabei um besonders engagierte Führungskräfte handeln, so töten sie doch jede Eigeninitiative und Motivation der Mitarbeiter. Die bloße Aufforderung unternehmerischer zu denken und bitte schön doch etwas risikofreudiger zu sein bringt nichts! Warum? Weil Sie eine neue »Kultur« ebenso wenig verordnen können, wie eine Veränderung! Denken Sie an meine im Kapitel drei geschilderte Erfahrung mit dem Abteilungsleiter und den Projekten 54, 53, 52 … Wenn Sie versuchen, eine Veränderung oder gar eine neue »Kultur« zu verordnen, verschwenden Sie nur Ihre Zeit. Ihre Bemühungen treffen auf besagtes frustriertes Mittelmanagement, das in vielen Unternehmen nicht ohne Grund als »Lähmschicht« bezeichnet wird, dessen vordergründiges Interesse darin besteht, das eigene »Fürstentum« zu retten und Innovationsbestrebungen zu unterminieren. Verwandeln Sie Ihren Führungsbereich in einen Ort, an dem bunte Blumen blühen, das heißt Mitarbeiter dürfen an schrägen, abgefahrenen Projekten arbeiten, die Ihnen wirklich am Herzen liegen. Finden und fördern Sie die im Kapitel drei erwähnten Helden!

Zweitens, vergessen Sie den detaillierten Plan, die Tage der langfristigen Planung sind vorbei. In Zeiten abgefahrener Projekte, die uns den Mund offenstehen lassen und natürlich, um es in der Sprache des Risikomanagements zu sagen, eine hohe

Rendite versprechen, kann man häufig nur auf Sicht fahren, denn der Weg führt um 90-Grad-Kurven und konfrontiert uns mit völlig unerwarteten Situationen – Hic sunt dragones! Statt der klassischen Planung benötigen Sie eine neue Sicht auf die Aspekte Vorbereitung und Umsetzung. Eine neue Sicht auf die »Vorbereitung« bedeutet ein flexibles, lebendiges Talentmanagement und fließende temporäre Strukturen. Neue »Umsetzung« heißt: schnell ins Leben gerufene funky Projects.

Als Drittes müssen Sie sich darüber klar sein, dass Sie, wenn Sie etwas erreichen wollen, V E R K A U F E N müssen! Verkaufen heißt, Menschen für Ihre Ideen begeistern, sie auf Ihre Seite ziehen und zu loyalen Mitstreitern machen.

Verkaufen ist Chefsache! Der Weg dahin ist die Macht von Geschichten und Metaphern!

Ihre Wirkung, liebe Leser, steht und fällt mit Ihrer erzählten, mehr noch verkörperten Geschichte und der Aufnahme, die diese bei Ihren Mitarbeitern findet. Mit einer lebendig erzählten Geschichte gewinnen Sie die Aufmerksamkeit und Konzentration ihrer Mitarbeiter. Diese erfassen den Handlungsablauf und, worauf es besonders ankommt, den Sinn, die Metapher, die Bedeutung – Führungskräfte schaffen Bedeutung! Durch überzeugende, schlüssige Geschichten und spektakuläre Botschaften.

Als Kind liebt eigentlich jeder Geschichten, ob es die Eltern oder Großeltern waren, die uns mit spannenden Geschichten unterhalten haben, oder die Lehrerin, die uns auf diese Weise einen Geschichtsstoff nahe brachte, wir waren emotional berührt und die Botschaft, der Sinn blieb uns im Gedächtnis.

Geschichten bewirken noch viel mehr, dafür lieferten in letzter Zeit die Neurowissenschaften sogar überzeugende Belege. Forschern um Jeffrey Zacks gelang es, unter Verwendung eines Magnetresonanztomographen tief in die Gehirne von Versuchspersonen zu schauen, während diese Geschichten lasen. Die Ergebnisse ermöglichten beeindruckende Einsichten, wie das Gehirn unser Selbst(wert)gefühl konstruiert. Wenn die Figuren in den Geschichten ihren Aufenthaltsort änderten, registrierten die Forscher eine erhöhte Aktivität in der Region des Schläfenlappens, eine Region, die für unsere räumliche Orientierung verantwortlich ist. Traten die Figuren in Wechselwirkung mit Objekten (zum Beispiel »nahm das Buch«) erhöhte sich die Aktivität in einer Region des Stirnlappens, die eine wichtige Funktion bei der Kontrolle von Greifbewegungen hat. Am wichtigsten aber war, dass sich bei der Änderung der Zielsetzung einer der handelnden Personen die Aktivität im präfrontalen Cortex änderte. Bei Schädigungen in diesem Bereich ist unser Wissen um Ordnung und Struktur geplanten, bewussten Handelns eingeschränkt.

Eine entscheidende Rolle bei diesen Prozessen spielt aber die Fantasie. Mit Geschichten simulieren wir mental jede neue Situation, der wir begegnen. Unser Gehirn bildet aus dieser neuen Situation und dem Wissen und Erfahrungen aus unserem eigenen Leben eine Synthese. Eine Geschichte hinterlässt neue neuronale Spur in unserem Gehirn, sie verändert unsere Art die Welt zu sehen.

Wenn Sie beruflich eine Botschaft vermitteln – VERKAUFEN – wollen, dann sollten Sie sich die kindliche Vorliebe für Geschichten bewahren bzw. wieder darauf zurückgreifen. Wenn Sie sich und ihre Überzeugungen mit einer persönlichen Geschichte präsentieren, dann zeigen Sie sich als Mensch. Zugegeben, das macht Sie angreifbarer, aber zugleich sichtbar, streitbar, authentisch und, wenn es gut läuft, mitreißend. Und neue Führung im Zeitalter von Industrialisierung 4.0 und Bürorevolution handelt von Leidenschaft. Engagement ist mit einer persönlichen Geschichte leicht zu erzielen, je enger die Geschichte mit Ihnen und den Dingen, die Ihnen wichtig sind, die der Mühe wert sind, Ihren funky Projekten, Ihrem Wesenskern zu tun haben, umso größer ist der Effekt. Das hat etwas mit Ihnen zu tun, da Sie selbst stärker berührt sind, werden Sie ihre Zuhörer stärker berühren. Sie müssen keine Geschichten erfinden, gehen Sie auf die Suche, finden Sie »verrückte« Mitarbeiter und ihre abgefahrenen Projekte, berichten Sie von diesen bewegenden Begegnungen, dann rufen Sie Engagement hervor. Suchen Sie nicht nach Dingen, die nicht funktionieren, um sie zu verbessern, sondern nach Dingen, die funktionieren, und versuchen Sie darauf aufzubauen. Vielen sind die sogenannten Management-by-Techniken ein Begriff, Management by Objectives (Führen mit Zielen), Management by Delegation (Führung durch Delegation) etc. Bei Hewlett-Packard ist ein weiterer Begriff gebräuchlich – MBWA: Management by Walking around. Aber was steckt dahinter, zunächst die Präsenz der Führungskraft, eine Politik der kurzen Wege und direkten Kommunikation, aber auch die Suche nach GUTEN GESCHICHTEN. Geschichten, die das »Fleisch« Ihrer Argumentation sind, die zum Handeln auffordern, die wiedergeben, was Sie wollen, die emotionale Reaktionen wecken, die uns verbinden.

Im Film *Amistad* von Steven Spielberg verkörpert Anthony Hopkins den Ex-Präsidenten John Quincy Adams, der den schwarzen Rechtsanwalt Theodore Joadson unterstützt. Dieser vertritt die Meuterer auf dem Sklavenschiff Amistad. Nach der akkuraten Zusammenfassung des Falls durch Joadson rät ihm Adams: »Als ich vor langer Zeit noch Anwalt war, erkannte ich, dass derjenige gewinnt, der die beste Geschichte erzählt. Wie lautet übrigens Ihre Geschichte?«

Was ist Ihre überzeugende Story?

Übrigens brauchen gute Storys ein Pointe. Im dritten Kapitel gab ich Ihnen den Rat, ihre »Helden« um mehrere Stufen zu befördern - denken Sie daran, jede Beförderung hat eine Story und die liefert eine Schlagzeile! Ihre Mitarbeiter beobachten sehr genau, welche Botschaft diese Schlagzeile übermittelt: Gewinnen die angepassten oder die abgefahrenen? Ihre Entscheidung liefert die Antwort auf diese Frage und das ist ihre

Botschaft. Vergeuden Sie dabei keine einzige Chance, ein Maß für ihre Entschlossenheit zu radikalen Veränderungen sind die radikalen Mitarbeiter, die Sie befördern – diese Botschaft wird die Bummler ganz schön auf Trab bringen.

Sie sind die Botschaft und diese kann nicht ex cathedra vermittelt werden, das hängt fundamental mit einigen grundlegenden Lernmechanismen, mit dem Unterschied von Modell- und Einsichtslernen zusammen, den ich hier an einem Beispiel erläutern will. Sarah hält ihrer Tochter Mia eine Gardinenpredigt, in der es vor allem um Ehrlichkeit, nicht lügen und der gleichen wichtige Lebensregeln geht. Plötzlich klingelt es am Gartentor. Sarah kann durch das Wohnzimmerfenster sehen, wer draußen steht, sie unterbricht ihre Gardinenpredigt und sagt zu Mia: »Das ist die Wagnern, diese Quatschbase, schnell lauf ans Tor und sag, ich bin nicht da.« Gesagt getan, Frau Wagner hat das Weite gesucht und Mia kehrt zurück, sofort nimmt Sarah ihre Gardinenpredigt wieder auf. Gardinenpredigt – Einsichtslernen, Vorbild – Modelllernen. Übrigens, gut 80 Prozent unseres sozialen Lernens geschieht über Modelllernen. Wie gesagt, Sie sind die Botschaft. Es ist unschwer zu verstehen, was Mia aus dieser Situation gelernt hat! Sie wird in Zukunft wissen, dass das, was man sagt, das eine und das, was man tut, bzw. zu tun hat, das andere ist. Ähnlich verhält es sich übrigens auch mit der Verkäuferin, die sich vielleicht etwas nachlässig um einen Kunden gekümmert hat und daraufhin von ihrer Chefin scharf gemaßregelt wird. Sie wird alles lernen, nur nicht Freundlichkeit und Liebe zu ihrem Job.

Zugegeben, Verkaufen ist manchmal ein unangenehmes Geschäft, Ihnen werden im übertragenen Sinn oder tatsächlich, Türen vor der Nase zugeschlagen. ABER es ist IHR GESCHÄFT!! Ihre Story funktioniert am besten, wenn ihr ein Merkmal (ein Aufhänger) Überzeugungskraft, Lebendigkeit und Verbindlichkeit verleiht. Unterschätzen Sie nie die Kraft von Metaphern und Bildern. Das ist der Kern einer starken, unvergesslichen Botschaft – das ist ultimative funky Kommunikation.

Gelingt es Ihnen, Ihr Anliegen, Ihr Projekt auf eine Metapher, ein Bild zu reduzieren? »Innovation für mehr Lebensqualität.« »Improving work through innovation.« »Wir schaffen Möglichkeiten.« »Partner im Verkauf.« Sie können es bestimmt besser! Es lohnt sich darüber Gedanken zu machen. Ergänzend können Sie Ihre Wahrnehmung und Ihr Bewusstsein für Metaphern schärfen, indem Sie besonders gute Slogans aus Zeitungen und Zeitschriften sammeln. Besprechen Sie diese mit Ihrem Team, um gemeinsam eine passende Metapher, ein stimmiges Bild für ihr funky Projekt, ihr Anliegen zu finden. Gehen Sie mit Ihrem Bild hausieren, jeder hat eine Meinung dazu und baut auf diesem Weg eine Beziehung dazu auf. Investieren Sie etwas Zeit in Ihr Bild, Ihre Metapher, arbeiten Sie mit ihrem Team, wenn nötig einen ganzen Tag daran, einen geeigneten Slogan, ein Bild oder eine Metapher zu finden. Bleiben Sie am Ball und greifen Sie das Thema regelmäßig wieder auf. Ihre Metapher ist Ausdruck Ihrer Person! Diese ist unmittelbarer Ausdruck des Charakters Ihres Projekts, Ihres Anliegens, sie ist das ultimative, konzentrierte Verkaufsargument!

Kehren wir zur Geschichte am Anfang des Kapitels zurück. Kontrastreicher können die Veränderungen nicht sein, früher wurde top-down geführt, Nina fördert Basisaktivitäten. Sie verzichtet weitestgehend darauf Anordnungen zu geben und zu erzählen, was zu tun ist, sondern setzt auf gute Storys und funky Projekte. Sie sieht ihre Rolle als Ermutigerin, die Barrieren überwindet und sich nicht mit dem Status quo abfindet. Sie sieht ihre größte Herausforderung darin, andere mit ihrer Begeisterung anzustecken, sie hat das Bild des bunten Gartens im Kopf und verbringt einen großen Teil ihrer Zeit damit, dieses Bild ihren Projektleiterinnen und Projektleitern nahezubringen. Sie weiß, dass dies ein erstklassiger Verkaufsjob ist und ihre Planung ohne diesen wenig nützt. Robert E. Conot, Biograph von Thomas Alva Edison drückte es so aus [42]: »Was Edison auszeichnete, war, dass er bei all seiner grenzenlosen Übertreibung ein Gefühl vermittelte, dass er Erfolg haben werde. Mochte es noch so viele Hindernisse geben, er würde seinen Weg gehen und sie alle niederreißen.« Nina sieht ihre Aufgabe darin, enthusiastische Mitarbeiter in abgefahrenen Projekten zusammenzubringen. Dabei ist sie realistisch, aber nicht der Realität ergeben, denn sie ist zur revolutionären Veränderung bereit und dazu bedarf es VORBILDER, GESCHICHTEN und BEDEUTUNG.

Es gilt die Mitarbeiter nachhaltig zu mobilisieren und zu aktiven Unterstützern des Wandels zu machen. Die in diesem Zusammenhang erforderliche Führung würde ich als 4A-Führung bezeichnen, sie zeichnet sich durch 4 Aspekte aus: authentisch, anspornend, anregend und angepasst. Lassen Sie mich das zum näheren Verständnis noch etwas weiter ausführen.

AUTHENTISCH bedeutet in diesem Zusammenhang, dass die Führungskraft eine starke Identifikationsfigur sein muss, die unbeirrt an ihrem Vorhaben festhält, alle Beteiligten müssen von Anfang an spüren, dass die Führungskraft weiß, was sie will und auch in Krisenzeiten daran festhält. Wenn eine Führungskraft versucht, es allen Parteien recht zu machen und dadurch ständig ihre Rolle wechseln muss, dann wird diese Beliebigkeit in der Führung von den Mitarbeitern relativ schnell bemerkt und die Führungskraft ist in ihren Augen dann nicht mehr authentisch. Zeigen Sie Rückgrat, auch in schwierigen Phasen, bleiben Sie Ihrer Linie treu, das imponiert den Mitarbeitern und sie werden Ihnen folgen.

Ebenso wichtig wie Authentizität ist die empathische, emotionale, ANSPORNENDE Vermittlung des angestrebten Zieles. Es kommt darauf an, nicht müde zu werden, in Meetings und Einzelgesprächen immer wieder die oben erwähnten Geschichten zu erzählen und so den Mitarbeitern das große Ziel nahezubringen. Die immer wieder vermittelte Botschaft muss sein: »Das ist unser

Ziel. Wollt ihr bei diesem einmaligen, abgefahrenen Ereignis dabei sein, wollt ihr die Herausforderung annehmen?« Nutzen Sie immer wieder die Kraft der Bilder und Metaphern. zur Anregung Ihrer Mitarbeiter - bleiben Sie aber immer Sie selbst, die Geschichte, Metapher, das Bild muss zu Ihnen passen.

Nichts entbindet Sie als Führungskraft davon, sich Gedanken zu machen, wie Sie Ziele, Ideen und Vorhaben emotional und nachvollziehbar kommunizieren. Leider belassen es Führungskräfte häufig dabei, beim jährlichen Zielverarbeitungsgespräch mit den Mitarbeitern über deren individuelle Leistungsvorgaben zu sprechen. Wird zur Motivation dann noch ein Bonus oder eine Gratifikation ausgelobt, wird Mitarbeiterführung zur reinen Austauschbeziehung, Belohnung gegen Leistung. Wie solche Belohnungssysteme wirken, habe ich im zweiten Kapitel erläutert. Gerade in Krisenzeiten reicht das aber nicht aus. Sie müssen stattdessen immer wieder vermitteln, warum es sich lohnt, jeden Tag aufs Neue zu kämpfen.

Im Zuge eines Veränderungsprozesses ist es erforderlich, den Mitarbeitern neue Einsichten zu vermitteln und sie wann immer möglich ANZUREGEN, sich selbst in diesen Prozess einzubringen. Der Spruch von Konfuzius: »Erkläre es mir, und ich werde es vergessen. Zeige es mir, und ich werde mich erinnern. Lass es mich selbst tun, und ich werde es verstehen.« beschreibt diese Haltung sehr gut. Der selbstverantwortliche, offene, ja auch »verrückte« Mitarbeiter, der an seinen abgefahrenen Projekten arbeitet, sollte das Leitbild sein. Zur Förderung dieses Mitarbeitertyps sollten Sie aktiv, anregend beitragen. Geben Sie Neuem Raum. ES ist Ihr Verständnis von Führung, dass Sie persönlich und nur Sie mit wegweisenden Gedanken den Dünger für die Blumen im bunten Garten Ihres Führungsbereichs liefern. Dafür sind Sie schließlich Chefin respektive Chef.

Das vierte »A« steht für eine an die Stärken, Schwächen und Bedürfnisse eines jeden Mitarbeiters ANGEPASSTE Förderung. Es kommt darauf an, die individuellen Stärken, Schwächen und Neigungen jedes Einzelnen bis ins Detail zu kennen und konsequent mit und an ihnen zu arbeiten. Scheren Führungskräfte alle Teammitglieder über einen Kamm oder arbeiten nur an ihren Defiziten, dann erreichen sie bestenfalls, dass ihre Mitarbeiter weniger schlecht aber nie richtig gut sind, worauf es aber ankommt, ist Leistung jenseits des Üblichen.

Kehren wir noch einmal zu Nina vom Anfang dieses Kapitels zurück, sie betrachtet und schätzt jeden Mitarbeiter als Individuum. Sie führt unzählige Einzelgespräche, einerseits auf der Suche nach guten Geschichten und Helden, andererseits versucht sie die Stärken, Schwächen, Einstellungen und Ängste der Mitarbeiter zu verstehen. Sie leitet mit ihren Projektleitern daraus individuelle Entwicklungsmaßnahmen und Coachings ab. Sie sieht ihre Mitarbeiter als die neuen »Rockstars« ihrer Designabteilung.

Durch diese konsequente Individualisierung der Mitarbeiterentwicklung und Förderung gelingt es Nina eine optimale Wirkung zu erreichen. Die Mitarbeiter bemerken, dass sie über die Entwicklung eines jeden Einzelnen von ihnen ganz konkrete Vorstellungen hat, dass sie in ihrer Individualität und in ihren Projekten ernst genommen und unterstützt werden – so werden sie von Tag zu Tag besser und leistungsfähiger!

Auf den Punkt

- Portfolios = fesselnde Geschichten, überzeugende, »abgefahrene« Beispiele + enthusiastische Mitarbeiter.
- Förderung von Basisaktivitäten.
- Einmischungs- und Kontrolltendenzen unterbinden.
- Auf Sicht fahren.
- Führen heißt verkaufen. Punkt!
- Wirkung = erzählte Geschichte.
- Persönliche Geschichte = angreifbar, sichtbarer, streitbarer, authentischer, mitreißender.

- Gute Geschichten suchen – finden – erzählen.
- Schlagzeilen.
- Slogans – Bilder – Metaphern.
- Unvergesslichen Botschaft = ultimative funky Kommunikation.
- Ermutigen – Barrieren überwinden.
- Authentisch = Identitätsstiftend.
- Anspornend = Die Botschaft vermitteln.
- Anregend = Selbstverantwortung.
- Angepasst = Individuell.
- Mitarbeiter = Rockstar.

8 Excellence sind die nächsten fünf Minuten

KLAGE – Alles verändert sich ...

Immer wieder haben wir gedacht, im Besitz allgemeingültiger Regeln zu sein, die es uns erlauben, Spitzenleistungen zu analysieren, zu planen und zu verewigen. Immer wieder dachten wir, mit neuen Theorien und Modellen, erfolgreiche Strategien von den Luftnummern unterscheiden zu können. Bis heute glauben wir, dass Spitzenleistungen das Produkt erfolgreicher Strategien sind.

Aber Spitzenleistungen lassen sich nicht anpeilen oder planen, sie entstehen im Augenblick und sind in erster Line eine Frage der Einstellung!

TRAUM – Ich glaube ...

... dass unsere Zeiten neue Ziele verlangen. Wir uns frei machen müssen von alt hergebrachten, »bewährten« Vorgehensweisen, Methoden und Erfolgen.

... dass wir eine völlig neue Sichtweise auf unser wirtschaftliches Handeln bekommen müssen.

... dass es nicht reicht, neue Wege zu gehen, sondern wir querfeldein laufen müssen.

... dass wir schräg denken, Spitzenleistungen neu denken müssen.

... dass Spitzenleistungen JETZT stattfinden.

Gegensätze!

Bisher	In Zukunft
Schuster bleib bei Deinen Leisten	Neue Geschäftsmodelle
Termintreue und Spitzenqualität	Spuren im Universum
Mitarbeiter als Kostenfaktor	Mitarbeiter als Innovationsfaktor
Bürokratischer Ballast	Leistungszentrum
Farblose Abteilungen	Management Partner
König Kunde	Kunden – Pioniere, Freaks, Revolutionäre
Verwaltung	Gewinnorientierte Firma
Aufgaben	Projekte
Gelenkte Information	Totale Transparenz
Kulturwandel als Programm	Kulturwandel als Einstellung

Quelle: Fotolia

Im nächsten Kapitel möchte ich mich etwas näher mit dem Thema Spitzenleistung befassen.

Wollen wir mit den Entwicklungen der Business-Welt mithalten, brauchen wir neue Geschäftsmodelle, brauchen wir ein neues Business-Verständnis, vor allem in der Welt der »Weißen Kragen«. Wir benötigen eine vollkommen neue Vorstellung von Wertschöpfung in einer von intellektuellem Kapital und

Kreativität bestimmten, immer mehr vernetzten, sich immer schneller entwickelnden Geschäftswelt.

Ich bin überzeugt, dass wir Arbeit neu denken müssen! Und dies ganz besonders in einer Zeit, in der integrierte Wertschöpfungsketten, Spitzenqualität und fristgerechte Lieferung die Norm darstellen.

Worin besteht noch das Besondere, wenn Termintreue und Spitzenqualität lediglich die Basiserwartungen der Kunden erfüllen? Das Besondere entsteht dann, wenn sich beherzte, vielseitige und schöpferische Talente in einer internen Abteilung wie ein professioneller Dienstleister aufgestellt haben und an abgefahrenen Projekten arbeiten – »Projekte, die Spuren im Universum hinterlassen« (Steve Jobs).

Doch wie sieht es im Augenblick aus? Da malochen Mitarbeiter 40 Stunden die Woche, schlagen sich mit stumpfsinnigen Angelegenheiten herum – und wofür? Sie werden als Kostenfaktor betrachtet oder man betitelt sie noch schlimmer – Finanzfuzzi ist da noch geschmeichelt.

Aber müssen sie Kostenfaktor sein?! Wie ich in Kapitel drei schrieb, werden viele Berufe, insbesondere Büroberufe, in den nächsten Jahren verschwinden oder sich so sehr verändert haben, dass sie mit den heutigen Berufsbildern nichts mehr gemein haben – der Prozessor erledigt den Rest!

Was bleibt dann noch von den Verwaltungsabteilungen übrig? Was bleibt dann noch für uns zu tun? Vielleicht nicht viel, aber nur vielleicht! Vielleicht starren Sie angstgebannt auf die Veränderungen, die sich da abspielen, aber vielleicht stellen Sie sich auch an die Spitze diese Wandels. Vielleicht sollten Sie sich selbst als die Rockstars ihrer Designer-, Finanz- oder Personalabteilung betrachten, als couragierte Change Agents, als Vorreiter des Wandels, neuer Technologien, als Schöpfer eines einzigartigen, unverwechselbaren Unternehmens.

Wie lange noch wollen Sie Kostenstelle, Teil der Gemeinkosten oder bürokratischer Ballast sein? Es ist eine Kopfsache – wenn Sie begreifen, dass wir in einem Talentzeitalter leben, wer anderes sollte dann den neuen Wertschöpfungsprozess vorantreiben? Natürlich die Talente selbst – UND die Personalabteilung, die keine Personalabteilung mehr ist, kein Ort der Bürokratie, wo Papier produziert und Memos von einem Schreibtisch zum nächsten weitergeleitet werden. Eine Personal-, Finanz-, Design- oder Verwaltungsabteilung, die ihre Aufgabe inzwischen richtig versteht und die Chance nutzt, die eigene Arbeit neu zu denken!

Das geht nicht, das gibt es nicht – doch, das gibt es schon und könnte, wie fast alles, noch besser gemacht werden, wenn man die Chance nutzt. Ein multinationales Unternehmen[43] hat in einem ersten Schritt fast alle Prozesse des Rechnungswesens an eine 100-prozentige Tochter outgesourced, in einem zweiten Schritt folgten die Aktivitäten der Personalabteilung, die jetzt online über das Internet stattfinden und bei denen jeder Mitarbeiter fast alle Aspekte seines Jobs selbst verwalten kann, von der internen Jobsuche bis zu Schulungsaktivitäten. Fantastisch – alle Routinetätigkeiten rund ums Personal automatisiert, eine super Chance Arbeit neu zu denken und aus Personalabteilung und Personalentwicklung ein »Leistungsberatungszentrum«, oder wie auch immer Sie es nennen wollen, machen. Mit supercoolen Mitarbeitern, die nur auf eine einzige Weise Wertschöpfung betreiben, durch Ansammlung und Anwendung intellektuellen Kapitals zum Nutzen ihrer Kunden. Falls - ja falls man diese Chance erkennt!!!

Um etwas zur Ernüchterung beizutragen, leider ist es noch nicht so weit. Heute ist es noch so, dass ein Mitarbeiter ein Personalproblem, sagen wir zu einem Schulungsangebot, hat und eine Anfrage dazu via Internet an die Servicefirma richtet. Dort sitzt ein Mitarbeiter, der entweder keine detaillierten Kenntnisse von den Prozessen vor Ort hat oder neu ist, denn die Fluktuation ist dort gigantisch. Die meisten jungen Mitarbeiter haben keine Lust, sich auf Dauer mit stumpfsinniger Verwaltungsbürokratie zu beschäftigen und suchen sich häufig nach kurzer Zeit attraktivere Jobs und das ist für talentierte junge Leute im pulsierenden Berlin kein Problem. Also besagter Mitarbeiter kann die Anfrage nicht beantworten, deshalb leitet er sie an einen Ansprechpartner vor Ort weiter, der sie dann via Servicefirma dem Mitarbeiter beantwortet – Kafka lässt grüßen!

Wie kann es aber gehen? Beantworten Sie sich als Erstes folgende Frage: Wie würden Ihre internen Kunden reagieren, wenn Sie plötzlich für Ihr Produkt Rechnungen an sie verschicken würden? Wären Ihre Kunden schockiert, würden sie sich schlapp lachen? Das ist kein Scherz! Wenn Sie Ihre Abteilungsaktivitäten nicht in ein geldwertes Produkt übersetzen können, wenn Sie in Ihrer Tätigkeit nichts erkennen können, wofür jemand Geld ausgeben würde, dann sollten Sie schnell das Weite suchen. Also noch einmal: »Was ist Ihr Produkt?« Machen Sie Schluss damit, sich als Verwaltungsbürokrat, Kostenfaktor, Finanzfuzzi zu fühlen! Starten Sie mit Ihren Mitarbeitern einen mentalen Prozess, betrachten Sie Ihre Abteilung als neue, gewinnorientierte Firma, als Management-Partner des Unternehmens »Personalentwicklung«, des Unternehmens »Rechnungsabwicklung«, diskutieren Sie Ihre geldwerten »Produkte«.

Weg mit Begriffen wie: Personalwesen, Rechnungswesen oder Finanzwesen, das erinnert so an Unwesen!

Herzlichen Glückwunsch, wenn Sie diesen Schritt gegangen sind, dann sind Sie schon mal psychologisch Management-Partner und nicht mehr farbloser Abteilungsleiter. Was heißt das in der Konsequenz? Nina aus dem vorhergehenden Kapitel sieht jeden ihrer Teamleiter als Portfoliomanager an, dessen Portfolio aus Mitarbeitern und Projekten besteht. Also, ein Management-Partner ist erstens eine Art Risikokapitalgeber, der »Wetten« auf Projekte (Ideen) und Talente abschließt und eine Mannschaft, sein Portfolio hat. Manche seiner Engagements sind vorsichtig, andere radikal – Letztere münden in grandiosen Erfolgen, aber auch empfindlichen Niederlagen. Zweitens ist ein Management-Partner vergleichbar mit dem Trainer eines Spitzenvereins, der die besten Talente rekrutiert und fördert und daraus die bestmögliche Mannschaft formt.

Das ist die zukünftige Rolle einer Abteilungsleiterin oder eines Abteilungsleiters, das bestimmt in Zukunft ihr/sein Handeln, das ist ihre/seine Zukunft! Was Sie auf keinen Fall sind: Frau oder Herr Kostenstelle!!!

Denken Sie in Kundenkategorien – die meisten Mitarbeiter einer Finanz-, Personal-, Einkaufs- oder Verwaltungsabteilung machen sich so gut wie nie Gedanken über ihre Kunden. Tom Peters hat einmal gewettet, dass er in einem mehrstündigen Gespräch mit Mitarbeitern einer Verwaltungsabteilung nicht ein einziges Mal das Wort Kunde zu hören bekommt. Nach eigenen Angaben hat er immer gewonnen. Orientieren Sie sich an professionellen Serviceanbietern, für diese bedeutet Service Professionalität in Verbindung mit einer positiven Grundhaltung Menschen gegenüber. Viele Serviceanbieter, und nichts anderes ist eine Personalabteilung, lieben ihre Kunden nicht, ja, sie mögen und respektieren sie nicht einmal. Stellen Sie in einem ersten Schritt Kontakt mit Ihren Kunden her, treten Sie in einen Dialog. Diskutieren Sie, was bisher geleistet wurde, wie waren die Ergebnisse, hat die Arbeit Ihrer Abteilung, und jetzt Management-Partners, einen bleibenden, professionellen Eindruck hinterlassen? Setzen noch eins drauf, suchen Sie sich Kunden mit Pioniergeist, konzentrieren Sie Ihre Energie, Ihre besten Leute auf Kunden, die man mit Fug und Recht als Pioniere, Freaks, Revolutionäre bezeichnen kann.

Frei nach dem Motto: Ihre Popularität hängt ab von Ihren Spitzenleistungen, die Sie mit und für die Revolutionäre unter Ihren Kunden erbringen! Und noch etwas, Sie benötigen Botschafter für Ihr neues Jobverständnis, binden Sie deshalb Ihre Kunden ein. Wissenstransfer ist eine der zentralen Aufgaben eines professionellen Dienstleisters und dafür benötigen Sie Mittler.

Entwickeln Sie ein Gespür für Exzellenz! Fahren Sie Ihre Antennen aus und halten Sie fest, was Sie interessiert, nervt oder begeistert. Notieren Sie alles, worüber Sie stolpern: trostlose Erfahrungen – ganz gleich ob unbedeutend oder weltbewegend, zum Beispiel ein stupfsinniges Vorhaben, ein lähmendes Prozedere, eine widersinnige Beschreibung; oder fantastische Erlebnisse – in einem Einkaufszentrum, Restaurant oder mit einem Handwerker. Regen Sie Ihre Mitarbeiter an, einen Gang durch das nächste Einkaufszentrum zu machen und die zehn begeistertsten Beobachtungen aufzuschreiben und die zehn schlimmsten: großartiger Service, Waren, Essen, Beschilderungen, Dekoration etc. Diskutieren Sie die Eindrücke mit Ihren Mitarbeitern und übertragen Sie drei davon auf Ihre gemeinsame Arbeit als Management-Partner.

Hat Ihre Arbeit Spitzenqualität? Machen Sie den Test! Zählt Ihre Arbeit etwas, ist sie der Mühe wert? Was haben Sie also vor: funky Dinge tun oder die Sache einem Prozessor überlassen? Verändern Sie mit Ihrer Arbeit etwas? Ist Ihr neues Jobverständnis so angelegt, dass Sie ständig darüber reden, ja auch ein wenig angeben wollen – sind Sie stolz auf das, was Sie tun? Trägt Ihr neues Jobverständnis etwas mehr dazu bei, aus ihrer Firma ein einzigartiges Unternehmen zu machen? Verschlägt Ihre Arbeit anderen den Atem? Wird mit Ihrem neuen Jobverständnis klar, was Sie beizutragen haben und warum Sie auf der Welt sind? Ich rede von keinen künstlich aufgeblasenen Themen, sondern von einer neuen Notwendigkeit – Arbeit neu gedacht!!!

Machen Sie bisherige Aufgaben zu Projekten, JEDE Aufgabe kann zu einem Projekt gemacht werden, man braucht nur etwas (viel) Fantasie. Als Management-Partner sind Sie die Summe Ihrer Projekte.

Die zukünftige Rolle des nun gar nicht mehr blassen Abteilungsleiters ist unter anderem die des Portfoliomanagers. Beginnen Sie in Portfolioqualität zu denken. Ein professioneller Dienstleister ist faktisch mit seinen Projekten gleichzusetzen. Ich bin es auch! Zurzeit arbeite ich an diesem Buch in

Manuskript- und Vortragsform und an einem neuen Seminar, das ich Ende nächsten Monats durchführen werde. Das sind im Augenblick meine anstehenden Projekte und ich bin sie. Auch für mich steht die Frage, welche dieser Projekte sind etwas Besonderes, welche werden etwas bewirken, bringen mich an meine Grenzen, erfordern Mut?

Werden Sie zum Projektrigorist. Ihre Leistung = Projekt = Wertschöpfung in der zukünftigen Business-Welt. Bereits jetzt wird mehr als ein Drittel des deutschen Bruttoinlandsprodukts durch projekthafte Arbeitsformen erwirtschaftet, mit steigender Tendenz. Yvonne Schoper[44] machte die Bedeutung projekthafter Arbeit deutlich: »Ob im Handel, Baugewerbe, Beratungsbereich oder in der Industrie: Immer mehr Unternehmen setzen auf Projektarbeit. Nach einer aktuellen Untersuchung der Deutschen Gesellschaft für Projektmanagement betrug der Anteil der Projektarbeit in Deutschland 2013 – gemessen an der Gesamtarbeitszeit – 34,7 Prozent.« Und weiter: »Seit zwei Jahrzehnten steigt das Innovationstempo in allen Bereichen der Wirtschaft rasant. Zahlreiche Aufgaben lassen sich daher nur noch in Projekten abwickeln.« Denken Sie in Projekten!!!

Leidenschaft braucht Transparenz! Im letzten Kapitel werde ich darauf noch einmal näher eingehen. Überprüfen Sie deshalb Ihre aktuellen Projekte wöchentlich, und machen Sie die angestrebten Zwischen- und Endergebnisse transparent. Ihre Mitarbeiter müssen über Fortschritt und Ergebnis der Projekte informiert sein. UMFASSEND!!!

Feiern Sie auch noch so unbedeutende Zwischenergebnisse! Bringen Sie Kaffee und Kuchen oder Pizza mit und würdigen Sie die Mitarbeiter besonders, die ihre Projekte fristgerecht erlegt haben.

Über Talent habe ich in diesem Buch schon genug geschrieben und ich kann es nicht oft genug wiederholen, alles dreht sich um Talent, ob beim FC Bayern (und jedem anderen Spitzenverein), in der Jazzband, der Philharmonie, der Oper, dem Theater oder

in Ihrer NOCH Personalabteilung und zukünftigem Leistungsberatungszentrum. Ihre neue Rolle ist die des Talententwicklers.
Suchen Sie großes Talent, finden Sie es und geben Sie ihm den
nötigen Freiraum zu wachsen. Bewerten Sie Talent nach jedem
Projekt! Im Film *Ein gutes Jahr* gibt Onkel Henry während eines gemeinsamen Tennismatches seine Lebenserfahrung an seinen Neffen Max weiter: »Es sind nicht die Siege, sondern die
Niederlagen, aus denen wir lernen – man darf sie nur nicht zur
Gewohnheit werden lassen.« Talente müssen auch Niederlagen
einstecken, um zu lernen, grundsätzlich gilt: hart aber fair – rauf
oder raus! Warum fair? Weil sich jeder Gärtner, Bauunternehmer, Elektriker, Trockenbauer diesem Prozess unterziehen muss!
Das gilt für Daniel Brühl, Matthias Schweighöfer, Julia Koschitz,
Natalia Avelon, Anna Maria Mühe – und das gilt für Sie! Sie sind
nur so gut wie Ihr letztes Projekt.

Überprüfen Sie jedes Projekt, jede Abteilungsaktivität, für die
Sie als professioneller Management-Partner zuständig sind:
Weiterbildung, Personalentwicklung, Controlling und so weiter.
Fragen Sie sich: »Sind wir darin wirklich spitze?« Wenn nein,
dann sollten Sie darüber nachdenken, ob man diese Aktivität,
dieses Projekt nicht jemandem überlässt, der wirklich top darin
ist. Das können leicht 75 – 80 Prozent Ihrer Aktivtäten sein.
Dahinter steht der Gedanke, dass Sie sich auf Projekte und
Aktivitäten, in denen Ihnen niemand das Wasser reichen kann,
konzentrieren. Das heißt, was ist Ihr unique selling propo-
sition, Ihr Alleinstellungsmerkmal, Ihr einzigartiger Nutzen
für Ihre Kunden? Was macht Sie so besonders? Durch welche
Arbeitsweise, welche Methode hebt sich Ihre Personal-. Finanz-
oder Verwaltungsabteilung von anderen ab? Nun, wenn Sie
darauf keine Antwort geben können, dann können aus den
80 Prozent der Aktivitäten, die man anderen überlassen kann,
schnell mal 100 Prozent werden!

Übrigens gilt das für jeden Ihrer Mitarbeiter, jeder Mitarbeiter eines professionellen Mangement-Partners muss präzise erklären
können, was sie/er zum Erfolg des Unternehmens beiträgt!

Wenn Ihnen diese Transformation gelingt, dann werden Sie mit Ihrer Abteilung ein Zentrum zumindest lokaler/regionaler Spitzenleistung. Machen Sie was draus! Bleiben Sie dem treu, was Sie gut, verflucht gut, spitzenmäßig können. Machen Sie etwas daraus, was Sie gut verkaufen können, vielleicht sogar an externe Kunden. Sie haben, als professioneller Management-Partner, den Markttest dann bestanden, wenn ein externer Kunde bereit ist, für Ihre Leistungen zu bezahlen – und zwar einen hübschen Obolus! Ist niemand bereit, eine angemessene Summe für Ihre Leistung zu bezahlen, dann war sie von Anfang an nichts wert.

Sie sind der Meinung, dass Ihr Unternehmen, Ihre Organisation noch nicht so weit sind? Vielleicht. Aber vielleicht trifft auch das Motto einer Versicherung zu, das ich irgendwann einmal gelesen habe: »Es ist später als Du denkst!« Vielleicht wird schon an anderer Stelle das Thema Outsourcing, Outtasking, Out-servicing, One Site Management oder Cloud Computing diskutiert. Also wann, wenn nicht jetzt! Nichts kann Sie daran hindern, bereits jetzt mental den Schritt hin zum professionellen Management-Partner zu tun. Die Umsetzung ist vor allem eine Sache der Einstellung (80 – 90 Prozent) und natürlich auch der vertraglichen Details (der Rest).

Wenn die Einstellung so wichtig ist: Wie lange dauert es dann, einen so tiefgreifenden Wandel, wie den von der blassen Personalabteilung, dem Innbegriff der Verwaltungsbürokratie, zum professionellen Management-Partner zu vollziehen? Wie wäre es mit fünf Minuten oder weniger? Zugegeben, dann müssen Sie wahrscheinlich erst einmal das »Professionell« vor Management-Partner streichen. Aber wenn Sie sich auf fundamentale Veränderungen konzentrieren, die überwiegend von der Einstellung abhängen, dann hängt (fast) alles von Ihrer Entschlossenheit ab. Ihrer Entschlossenheit, ab sofort nichts anderes mehr zuzulassen als Spitzenleistungen. Dabei ist es unerheblich, ob Ihre Abteilung den Status eines eigenständigen Tochterunternehmens hat oder nicht.

Fragen Sie sich: »Wie entwickle ich die Einstellung meiner Mitarbeiter, wie entwickle ich meine Einstellung bezüglich einer professionellen Management-Partnerschaft?« Kulturwandel findet nicht im Unternehmen (anonym und weit weg) statt, Kulturwandel ist kein Programm (ohne das man ja nichts machen kann), Kulturwandel braucht nicht Jahre (da sind die meisten Mitarbeiter nicht mehr dabei) – Kulturwandel beginnt jetzt!!! Kulturwandel ist Einstellungssache!!! Kulturwandel ist Ihre Angelegenheit!!!

Konzentrieren Sie sich ab jetzt auf das was Sie spitzenmäßig können, was Sie auszeichnet. Machen Sie aus Ihren Stärken das Beste! Beginnen Sie jetzt!

Es gibt keinen, absolut keinen Grund, warum Ihre Abteilung nicht ab sofort ein begeisternder, professioneller Management-Partner/Dienstleister sein soll. Weshalb gehen Sie morgens zur Arbeit, wenn nicht mit dem Vorsatz, funky, cool, abgefahren, spitze zu sein! Genau die Eigenschaften, die alle Projekte haben sollten, im Personal, in der allgemeinen Verwaltung, in den Finanzen, im Marketing und, und, und.

Professionalität muss nicht langweilig und farblos sein! Extravaganz ist überall möglich, funky passt genauso zu IT wie zur Logistik. Der Generalleutnant William Gus Pagonis[45] galt als wahrer Logistikzauberer, als genialer Strippenzieher für die fast reibungslose Versorgung der amerikanischen Truppen im ersten Golfkrieg – funky, spitze, cool gilt auch in der Logistik.

Spitzenleistung in der Personalabteilung = funky!

Spitzenleistung im Einkauf = funky!

Spitzenleistung wo auch immer = funky!

Auf den Punkt

- Neue Vorstellung von Wertschöpfung.
- Termintreue und Spitzenqualität – Basiserwartungen.
- Change Agents – Vorreiter des Wandels und neuer Technologien.
- Change Agents – Schöpfer eines einzigartigen, unverwechselbaren Unternehmens.
- Arbeit neu denken!
- Abteilungsaktivitäten = geldwertes Produkt.
- Management-Partner statt farblose Abteilung.
- Abteilungsleiter = Risikokapitalgeber = »Wetten« auf Ideen.
- In Kundenkategorien denken.
- Kunden mit Pioniergeist.
- Exzellenz jetzt!
- Ich/Wir = meine/unsere Projekte.
- Transparenz.
- Sind wir wirklich Spitze?
- Was macht uns besonders?
- Kulturwandel beginnt jetzt!
- Spitzenleistung = funky.

9 Fit for the future – Anforderungen und Herausforderungen

KLAGE – Uns fehlen die richtigen Rezepte für die Zukunft ...

Wir bemühen uns neue, innovative Gedanken in den Kopf zu bekommen, dabei verkennen wir, dass es ebenso wichtig, wenn nicht sogar wichtiger, ist, sich von Altem zu trennen. Denn unsere Erfolge, unsere gut laufenden Produkte, unsere durchdachten Organisation sind es, die dazu führen, dass wirklich innovative Ideen von Vornherein abgeblockt werden.

Eine lernende Organisation sollte zunächst eine Organisation sein, die in der Lage ist, zu vergessen und sich dann neu zu erfinden. Alles andere führt nur dazu, dass Altes auf Hochglanz poliert, ein bisschen besser, ein wenig effizienter gestaltet wird.

Je erfolgreicher ein Unternehmen, eine Organisationseinheit ist, umso mehr steht man im Rampenlicht, umso schwieriger ist dieser Prozess der Neuerfindung.

TRAUM – Ich glaube ...

... dass es keine Rezepte gibt.

... dass es aber möglich ist, den Mut aufzubringen und alles in Frage zu stellen.

... dass dieser Mut die Eintrittskarte zum Erfolg in einer Achterbahn-Welt ist.

... dass es Mut erfordert Fehler einzugestehen.

... dass die Erfolgreichen von morgen diese Kunst beherrschen werden.

Gegensätze!

Bisher	In Zukunft
Klammern an alten Positionen	Vergessen alter Ideen, Muster und Vorgehensweisen
Alte Produkte auf Hochglanz	Kreative Zerstörung
Fehler vertuschen	Fehlerdikussion
Intoleranz gegenüber Fehlern und Versagen	Misserfolgstoleranz
Mauern	Ungehinderter Ideenfluss
Sicherheit	Hohes Risiko
Kauf von Märkten	Kauf von Innovationen
Wandel als Horrorszenario	Wandel als Jungbrunnen
Homogenität	Vielfalt
Produktentwicklung	Produktbesessen
Alt	Jung
Männer	Frauen
Lange Planung	Schnelle Praxiserprobung
Bedachtsamkeit und Vorsicht	Primat des Handelns
Planen, reden, planen	Üben als Grundlage des Erfolgs
Warten	Spielen
Misserfolgsvermeidung	Grandiose Misserfolge
Mittelmäßige Erfolge	Grandiose Erfolge
Vernunft	Leidenschaft
Harmonie	Provokation
Technokraten	Künstler

Ich habe in diesem Buch viel über neues Denken, Talent und Entwicklung geschrieben, alles Dinge, die mit dem Begriff Innovation eng verknüpft sind. Worauf es aber angesichts turbulenter Zeiten und einer chaotischen Business-Welt auch ankommt, ist, dass man, um mit Dee Hock[46] dem ehemaligen CEO von Visa zu sprechen: » ... nicht neue, innovative Gedanken in den Kopf hinein bekommt, sondern die alten wieder loszuwerden.«

Klammert man sich zu sehr an seine alten Positionen und alten Produkte, blockt man jeden Versuch ab, neue Ideen überhaupt zu verstehen. Manchmal schwingen sich Organisationen angesichts einer innovativen Bedrohung zu ungeahnter Produktivität und Leistung auf. Aber, schreibt der Management-Professor James M. Utterback[47], in den meisten Fällen ist dieses letzte Aufbäumen allerdings ein Zeichen für den bevorstehenden Tod. Dies ist immer wieder der Fall, immer wieder sträubt sich der Marktführer gegen Innovationen, indem er alte Produkte auf Hochglanz poliert. Denken Sie an die Gaslichtproduzenten im ersten Kapitel.

Quelle: Fotolia

Wichtig ist, alte Ideen, Muster, Vorgehensweisen zu vergessen, sie über Bord zu werfen, statt sie auf Hochglanz zu polieren. Diese Achterbahn-Zeiten erfordern Mut, Mut Fehler einzugestehen und sein Unternehmen, seine Abteilung, seine Arbeit neu zu erfinden. Fehler eingestehen ist eine Kunst, eine noch größere Kunst ist es, daraus zu lernen! Das gilt für multinationale Konzerne, wie für Ihre Abteilung oder das kleine, mittelständische Unternehmen.

Im Zuge des Emissionsskandals sagte der neue CEO von VW dazu, dass die Reorganisation des Unternehmens nicht ohne eine neue Grundeinstellung der VW-Angestellten funktionieren wird. Laut CEO Müller braucht VW einen Kulturwandel:

»Wir können die besten Leute und eine großartige Organisation haben, aber wir können nichts ohne die richtige Einstellung und Mentalität erreichen«[48]

Was bedeutet das? Es bedeutet mehr offene Diskussionen, engere Zusammenarbeit und die Bereitschaft, Fehler zu erlauben, sagte CEO Müller. Es bedeutet auch, den Leuten, die in der Firmenhierarchie weiter unten stehen, mehr Autorität zu geben.

Für VW sind das große Veränderungen, denn über viele Jahre wurde das Unternehmen autokratisch und detailbesessen von seinem ehemaligen Chef Ferdinand Piëch geleitet. Ohne Zweifel hat Piëch eine maßgebliche Rolle dabei gespielt, dass das Unternehmen zu einem der größten Automobilhersteller der Welt wurde, gleichzeitig hat er aber Anteil daran, dass im Unternehmen eine Kultur entstanden ist, die keine Fehler und kein Versagen toleriert. Vielleicht ein wichtiger Faktor, der den Emissionsskandal erst möglich gemacht hat. Man kann sich unschwer eine Reihe von Ingenieuren vorstellen, die unter dem Druck stehen, einen »sauberen« Diesel auf der Grundlage der von Piëch bevorzugten Pumpe-Düse-Technologie zu einem bestimmten Preis zu entwickeln und denen dies nicht gelingt. Sie entscheiden sich dann, tief in die Software des Motormanagements einzugreifen und die Abgastests zu manipulieren. Mit gravierenden Folgen für das Unternehmen, die ganze Branche und die deutsche Wirtschaft.

Die Situation erinnert sehr an die Veränderung, die von Alan Mulally[49] 2006, als neuer CEO von Ford angestrebt wurde. Vor Mulally war es für Führungskräfte unglaublich schwer, bei Ford zu arbeiten. Führungskräfte standen in harter Konkurrenz zueinander und das Zugeben eines Fehlers war quasi das Ende einer Karriere. Faktisch stand jeder unter Druck erfolgreich zu sein.

Die Situation änderte sich erst dann, als eine Ford-Führungskraft bei einem großen Meeting zugab, ein technisches Problem nicht lösen zu können und um Hilfe bat. Anstatt die Führungskraft fertig zu machen, applaudierte Mulally. Das Eingeständnis beendete übrigens die Karriere der besagten Führungskraft nicht: Mark Fields löste Mulally als CEO bei Ford ab.

Eine fehlertolerante Zusammenarbeit war ein Teil von »One Ford« – ein umfassender Plan, der von Mulally und Fields erstellt worden war, um das Unternehmen umzukrempeln. Mulally wird zugeschrieben, Ford damit aus der Klemme geholfen und wieder zu einem profitablen, wettbewerbsfähigen Unternehmen gemacht zu haben. Heutzutage gilt Ford unter Führungskräften wieder als sehr angenehmer Arbeitsplatz, ein wichtiger Faktor für junge Talente.

Als John Micklethwait[50] noch Redakteur der Zeitschrift *The Economist* war, beschäftigte er sich intensiv damit, was das Silicon Valley so erfolgreich macht. Micklethwait kam auf zehn entscheidende Faktoren, die den grandiosen Erfolg vom Silicon Valley erklären. Die Faktoren lassen sich meiner Meinung nach auch Punkt für Punkt auf Unternehmen und Abteilungen anwenden. Wie schneiden Sie mit Ihrem Unternehmen, Ihrer Abteilung bei den folgenden Punkten ab?

Im Silicon Valley ist ein Misserfolg keine Schande, sondern wird toleriert. Micklethwait sagte[51] dazu: »Ein Konkurs hat im Silicon Valley einen ähnlichen Stellenwert wie eine Duellnarbe in einer preußischen Offiziersmesse.« Ob eine Duellnarbe in einer Offiziersmesse eher die Normalität darstellt und keinen Stellenwert hat, kann ich nicht beurteilen. Dass ein Umdenken im Umgang mit Fehlern eine Anforderung und Misserfolgstoleranz eine wichtige Herausforderung für die Sieger von morgen ist, davon bin ich überzeugt. Werden in Ihrer Abteilung Misserfolge toleriert und sogar positiv bewertet?

Ein weiterer wichtiger Erfolgsfaktor des Silicon Valley besteht darin, dass Ideen und Informationen, einer Brownschen Bewegung gleich, weitergetragen werden. Bei der Brownschen Bewegung wird bekanntlich die Verschiebung der Teilchen dadurch bewirkt, dass die Moleküle aufgrund ihrer ungeordneten Wärmebewegung ständig und aus allen Richtungen in großer Zahl gegen andere Teilchen stoßen und dabei rein zufällig mal die eine Richtung, mal die andere Richtung stärker zum Tragen kommt. Fließen in Ihrem Unternehmen, Ihrer Abteilung die Ideen ungehindert, so dass sie von anderen aufgegriffen und weitergetragen werden können?

Das Silicon Valley zeichnet sich durch eine hohe Risikobereitschaft aus, schreibt Micklethwait. Von den im Valley gegründeten Unternehmen gehen die meisten pleite, ein Teil überlebt mal gerade so, aber ein anderes erlebt einen kometenhaften Aufstieg. Wie weit sind Sie mit Ihrem Unternehmen, Ihrer Abteilung bereit aufs Ganze zu gehen und akzeptieren Sie dabei ein hohes Risiko?

Im Silicon Valley wird ein großer Teil der enormen Gewinne wieder in neue Projekte investiert. Übersetzt bedeutet das: Wie viel Zeit und Geld investieren Sie in neue Projekte, die Entwicklung Ihrer Mitarbeiter und die Erneuerung Ihrer Abteilung bzw. Ihres Unternehmens? Darauf, dass Innovation gar nicht so teuer sein muss, komme ich noch zurück.

Wie stehen Sie, wie steht Ihre Abteilung, Ihr Unternehmen zu Wandel und Veränderung? Ist Wandel für Sie Jungbrunnen oder Horrorszenario? Ich möchte hier an Kapitel eins erinnern, die Veränderungen passieren, ob wir das wollen oder nicht. Wenn wir uns nicht verändern, werden wir verändert!

Im Kapitel fünf »Kreativität und Eigenständigkeit« habe ich mich breit über das Thema Vielfalt ausgelassen, dem ist im Prinzip nichts hinzuzufügen. Im Silicon Valley ist man gegenüber Frauen und Immigranten absolut offen. Micklethwaite schreibt, dass man, würden die Immigranten aus dem Valley verschwinden, das Schild »Wegen Geschäftsaufgabe geschlossen« an die Tür hängen müsste. Die Veränderungen spielen sich in einem derart rasanten Tempo ab, dass Leistungen alles sind, Beziehungen sind nichts! Wie fördern Sie die Vielfalt in Ihrem Team, Ihrer Abteilung, Ihrem Unternehmen? Falls Sie selbst Unternehmer sind, wie viele Mitglieder Ihrer Geschäftsleitung sind Frauen, sind unter 35, unter 30, haben einen Migrationshintergrund? Und ... was ist in Ihrem Unternehmen oder Ihrer Abteilung die

Grundlage für Beförderungen und Auszeichnungen – Leistung oder Beziehung?

Lieben Sie Ihre Arbeitsergebnisse, Ihre Produkte und Projekte? Das ist kein Scherz, erfolgreiche Innovation kann langfristig nur gelingen, wenn Sie produktbesessen und gierig nach funky Ideen sind. Noch mal: Finden Sie Ihre Produkte oder Dienstleistungen cool und abgefahren und sind Sie ständig darauf aus, sie noch besser zu machen? Ich stieß bei der Recherche zu diesem Buch auf eine Stellenanzeige im Internet, die unter anderem auch diese Formulierungen enthielt: »Datenjunkie ohne Wenn und Aber…« »Unsere Artikel sind unsere Babys« oder »Zeitliche Flexibilität und Produktverliebtheit sind willkommen!«[52]

Im Silicon Valley werden Produktgenerationen in rasendem Tempo herausgebracht. Das geht natürlich nicht, wenn man versucht das Rad neu zu erfinden, vielmehr greift man bestehende Ansätze auf, bringt eigene Ideen ein und versucht das neue Produkt so schnell wie möglich zu erproben. Halten Sie sich nicht lange bei der Planung auf, unterziehen Sie Ihre Produkte möglichst schnell einer Praxiserprobung! Ich komme in diesem Kapitel noch einmal darauf zurück.

Sind Sie bemüht, bei jedem größeren oder kleineren Projekt andere, das heißt externe, das heißt potenzielle Kunden mit einzubeziehen? Ja – gratuliere! Nein – dann tun Sie es ab jetzt!

Innovation bedeutet, sich konsequent von alten, liebgewonnenen, vielleicht auch immer noch erfolgreichen Denk- und Verfahrensweisen zu trennen. Das klingt leicht, ist es aber nicht. Häufig hat man sich in Unternehmen bereits anderen Produkten und Dienstleistungen zugewandt, hängt aber mental immer noch an den alten Zöpfen. Machen Sie ernst damit und werfen Sie den alten Ballast über Bord – SOFORT!

Erstens: Führen Sie eine Teamsitzung durch und machen Sie ein Brainstorming und erstellen Sie eine Liste mit den 10 wichtigsten Grundüberzeugungen Ihres Unternehmens, Ihrer Abteilung und oder Einheit. Nehmen Sie Ihre besten Mitarbeiter und bilden Sie eine Projektgruppe, die jede Einzelne dieser Grundüberzeugungen in Frage stellt. Konfrontieren Sie sich gnadenlos mit allem, was Sie zu dem gemacht hat, was Sie als Unternehmen, Abteilung oder Organisationseinheit sind. Zweitens: Entwerfen Sie einen Plan dafür, welche Grundüberzeugung wann und wie über Bord geworfen wird! Wenn Sie es genauer wissen wollen, dann lesen Sie weiter.

Werfen Sie Bedachtsamkeit und lange Planung über Bord oder wie im Film *Antarctica – Gefangen im Eis* gesagt wird: »Fehlschuss? Ich hab nicht mal gezielt … Vorbei ist vorbei.« Mit anderen Worten HANDELN, MACHEN, TUN!!! Ich will nicht hirnlosem Aktionismus das Wort reden, aber das Beste ist immer noch zu handeln und aus Versuch und Irrtum zu lernen. Welche Bedeutung das Primat des Handelns hat, zeigt die Medizin. Die Anatomie eines Menschen ist grundsätzlich gleich, abgesehen mal von den Unterschieden zwischen Mann und Frau, aber dennoch sind alle 7,4 Milliarden Menschen unterschiedlich und damit auch jede Operation. Neben fundierten Fachkenntnissen erfordert jede Herzoperation auch ein Handeln aus dem Stegreif. Der Herzchirurg XYZ aus der Klinik in XYZ ist sicher genauso intelligent wie sein Kollege Prof. Dr. F.-W. Mohr vom Herzzentrum Leipzig und dennoch gibt es einen Unterschied, Dr. Mustermann operiert zu wenig! In der Klinik von Prof. Mohr werden jährlich 7000 Herzoperationen durchgeführt, bestimmt nicht alle von ihm, aber ein großer Teil davon und das trägt nicht unerheblich zu einer hohen Erfolgsquote bei. Studien belegen ziemlich eindeutig, dass die Verweildauer im Krankenhaus und die Komplikationsrate steigen, wenn wenige Operationen durchgeführt werden. Versuch und Irrtum, das zeichnet die Chirurgie besonders in Grenzsituationen aus, wenn es um Leben und Tod geht, alles versuchen und viel riskieren. Erst feuern, dann zielen – halten Sie sich an das Primat des Handelns!

Experimentieren Sie mit allen Ansätzen, die in Ihrer Abteilung, Ihrer Einheit einen radikalen Wandel unterstützen!

Es ist leicht gesagt: »Experimentieren Sie, handeln Sie, feuern Sie bevor Sie zielen … « Die Frage ist dabei aber: Wie macht man aus einer abgefahren Idee einen Erfolg? Michael Schrage[53] macht dazu in seinem Buch *Serious Play: How the World's Best Companies Simulate to Innovate* eine einleuchtende Rechnung auf. Er sagt, wer das Risiko eingeht, auf sein Bauchgefühl zu vertrauen, auf unbewiesene Ideen setzt und bereit ist, sie auszuprobieren, der wird sich mit hoher Wahrscheinlichkeit häufig eine blutige Nase holen. Aber allein dadurch, dass er beherzt in den Kampf zieht, erhöht er auch die Wahrscheinlichkeit, früher oder später zu denjenigen zu gehören, die entscheidende Veränderungen bewirken. Wenn Sie für Ihre abgefahrene Idee bereits Nina als begeisterte Mitstreiterin gefunden haben, dann benötigen Sie »nur« noch einen vorzeigbaren Erfolg. Das können kleinere oder größere Dinge sein, von denen eine Signalwirkung ausgeht. Laut Michael Schrage benötigen Sie einen vorzeigbaren Prototyp. Er ist der Meinung, dass eine der wichtigsten Kernkompetenzen für Innovation, die Fähigkeit zur schnellen Entwicklung von Prototypen ist. Er beschäftigt sich seit Jahrzehnten mit diesem Thema, in seinem oben genannten Buch kommt er zu folgendem Schluss: »Ein echter Innovator muss bereit und fähig sein zu spielen. *Ein ernstes Spiel* steht nicht im Gegensatz zur Innovation sondern ist sein Kernelement.« Natürlich entstammt die Idee schneller Prototypen der Produktion, aber sie lässt sich auch auf alle anderen Bereiche anwenden. Schrage ist der Meinung, dass die Fähigkeit, frühe Prototypen zu entwickeln, eines der wichtigsten Merkmale innovativer Unternehmen ist. Business-Guru Tom Peters nennt die schnellen Prototypen »Kleine Siege« oder »Demo«. Der Vorteil dieser Methode ist, dass ein erfolgreicher Test zeigt, dass Ihre funky Idee nicht nur ein Hirngespinst ist und wirkliches Potenzial hat. Sehen wir uns einige andere Beispiele an: Veränderung des Trainings in einem Bundesligaverein, um die Verletzungsquote zu senken; Produktion von dutzenden Vertragsentwürfen in einer Anwaltskanzlei; Stellprobe im Theater; Malen mit Fingerfarben im Kindergarten;

der Volkschor meiner Heimatstadt probt eine neues Lied. Es ist immer dasselbe: Ausprobieren, rasche Abstimmung ... erste Versuche. Versuch und Irrtum. Immer Handeln.

Denken Sie an die Medizin, die Kunst, den Sport, immer ist Üben die Grundlage des Erfolgs, eigenartigerweise ist das im Business nicht vorgesehen. Im Sport denken wir uns eine neue Taktik aus, ... probieren sie, ... passen sie an, probieren es noch einmal. Im Business reden wir, planen, reden, planen etwas mehr, reden etwas mehr, planen noch mehr. Bis, so Schrage, alle i-Pünktchen gesetzt und t-Striche gezogen sind.

Eine Methode zur Entwicklung und Einführung schneller Prototypen oder Muster oder Grundformen oder wie auch immer Sie wollen lässt sich leider nicht à la »Die fünf Phasen der Problemlösung« und schon läuft der Laden einführen. Sie ahnen es, alles hängt eng mit der Führungs- und Unternehmenskultur zusammen. Wenn Sie es in Ihrer Abteilung nicht lieben zu spielen, wenn man mit dem Beginn der Projekte wartet, bis auch die letzte Ressource freigegeben, alles durchgeplant wurde, wenn es keinen freien Ideen- und Gedankenaustausch, schon über die ersten Entwürfe und Vorstellungen gibt, dann wird es schwierig. Die Veränderung hin zu einer experimentierfreudigen, spielerischen Kultur ist alles andere als einfach. Denn ein »Tool«, wie die schnelle Einführung von Mustern oder Prototypen (Prototypen klingt mir zu technisch, denn ein neue Abteilungsstruktur, ein neues oder gar als entbehrlich befundenes Formular sind damit auch gemeint), kann die Denkweise im Unternehmen mehr beeinflussen, als man bei einer so simplen Sache denken mag.

Was können Sie also tun? Entwickeln Sie als Erstes aus einem Teil Ihres Projekts einen Prototyp. Jetzt sofort! Zweitens, beschreiben Sie auf maximal einer Seite einen kleinen, praktischen Test für Ihren Prototyp. Nutzen Sie bereits zur Verfügung stehende Materialien, um günstig und auf einfacher Basis ihren Test durchzuführen.

Finden Sie als Drittes einen Kunden oder Partner, der ein Versuchsterrain zur Verfügung stellt und gleichzeitig für kritisches Feedback sorgt.

Viertens, setzen Sie sich einen äußerst engen Zeitrahmen ca. fünf Arbeitstage für den nächsten praktischen Schritt. Und führen als fünften Schritt den Test so bald wie möglich durch.

Holen Sie sich sechstens ein ausführliches Feedback von allen Beteiligten, sammeln Sie die Testergebnisse.

Siebentens, passen Sie Ihren Prototypen entsprechend an.

Achtens setzen Sie innerhalb von fünf Tagen einen erneuten Test an.

Wiederholen Sie die Vorgehensweise!

Motto: Buntes Leben = Versuch und Irrtum

Buntes Leben = Schnelle Prototypen

Werfen Sie den Gedanken über Bord, dass Sie nichts in Angriff nehmen können, bevor nicht alle Ressourcen geklärt, alle i-Punkte gesetzt und alle t-Striche gezogen sind, bevor nicht das große Geld locker gemacht wurde.

Das Magazin *Inc.*[54] hat untersucht, wie viel Startkapital die jeweils 500 am schnellsten wachsenden Unternehmen zu ihrer Unternehmensgründung benötigten. Das Ergebnis war überraschend: ein Drittel der Unternehmen startete mit weniger als 10 000 $, ca. die Hälfte der Unternehmen benötigte weniger als 50 000 $ und mit einem Startkapital von unter 100 000 $ hatte man bereits drei Viertel aller Unternehmen erfasst. Das bedeutet, dass für den eigentlichen Unternehmensstart vergleichsweise geringe Beträge erforderlich waren. Übersetzt bedeutet das, dass man nahezu alles, ob bei der Wittgenstein AG, der TGW Logistics Group, Airbus SAS, dem Friseur nebenan, der Personalentwicklungsabteilung, mit einem überraschend geringen Geldbetrag testen kann. Für kleinere Strukturen kann der Geldbetrag wahrscheinlich noch geringer angesetzt werden. Wenn ... ja wenn die Unternehmenskultur ein experimentelles, spielerisches Klima zulässt.

Ich war vor ca. fünf Jahren für eine BASF Tochter tätig, man leitete dort einen Prozess mit der Bezeichnung Optimum ein. Dieser hatte zum Ziel eine selbsttragende Kultur der Veränderung am Standort zu entwickeln und die Mitarbeiter möglichst breit in die Veränderung einzubeziehen. Ein hehres Ziel, so weit so gut. Aber wie sah die Umsetzung aus? Ich möchte den Prozess nicht im Detail beschreiben. Aber nur so viel: Wenn ein Mitarbeiter eine Idee hatte, dann konnte er diese zur Beratung an ein Team weitergeben, dort wurde mit Experten beraten, der Lenkungskreis einbezogen etc., danach sollte ein Lösungsvorschlag, ein Umsetzungskonzept erarbeitet werden. Waren die Kosten für die Umsetzung geringer als 100 000 €, konnte der Einheitsleiter über die Umsetzung entscheiden, bei Kosten über 100 000 € musste zwingend ein Lenkungskreis einbezogen werden. Und das Ergebnis? Um es kurz zu machen: »Es kreiste der Berg und gebar ein Mäuschen.« Wie himmelweit ist das entfernt vom Innovationsklima der schnellen Prototypen? Wie gesagt erstens muss es die Unternehmenskultur zulassen, zweitens verändert es die Unternehmenskultur drastisch und drittens muss man das wirklich wollen!

Werfen Sie die Angst vor Fehlern über Bord! Laut Tom Peters[55] sind »Fehler nicht das Salz in der Suppe des Lebens. Sie sind das Leben«. Ich kann dem nur zustimmen, es kommt in dieser rasanten und verrückten Zeit nicht nur darauf an, mit Fehlern umgehen zu können. Denn wenn Sie sich in diesen Zeiten nicht gelegentlich mal eine blutige Nase holen, dann können Sie nur tot sein. Wir können unmöglich gleich beim ersten Mal alles richtig machen! Sollten Sie diesen Glaubenssatz verinnerlicht haben, dann trennen Sie sich von diesem Mindset. Warren Bennis und Burt Nanus haben für ihr Buch *Führungskräfte. Die vier Schlüsselstrategien erfolgreichen Führens* unzählige Führungskräfte interviewt. Die Männer und Frauen, allesamt erfolgreich, hatten wenig gemeinsam, aber eine Eigenschaft war, dass sie sich nach schweren Fehlern nicht haben unterkriegen lassen. Im Prinzip haben sich diese Führungskräfte eine kindliche Eigenschaft bewahrt. Schon bei unseren ersten Gehversuchen sind wir unzählige Male hingeplumpst, haben uns aber immer wieder irgendwo hochgezogen und haben einen weiteren Versuch gestartet.

Misserfolge sind die einzigen Vorzeichen des Erfolgs! Grandiose Misserfolge sind somit wahrscheinlich die einzigen grandiosen Erfolge. Wenn Ihnen, wenn Ihren Mitarbeiter etwas danebengeht, was soll's! Starten Sie neu. Misslingen. Neubeginn. Sofort!

In einem Seminar klagte mir ein Teilnehmer sein Leid, er sagte: »Was soll ich machen, bei uns ist alles so ›verregelt‹ und unser Bonussystem ist so gestaltet, dass jeder Fehler gleich bestraft wird.« Da kam mir ein anderer Teilnehmer mit einem Zitat von Katharine Hepburn[56] zu Hilfe: »Wenn Du immer alle Regeln befolgst, verpasst Du den ganzen Spaß!« Er sprach mir aus der Seele, seitdem habe ich dieses Zitat nicht mehr vergessen. Oder um es mit Oscar Wilde[57] zu sagen: »Regeln lenken den weisen Mann, der Dummkopf befolgt sie.« Genau das ist es, wenn Sie sich nicht aus der Deckung wagen und immer die Regeln einhalten, dann sind Sie sicher. ABER Sie verpassen den ganzen Spaß! Sie haben die absolute Garantie, dass Sie nie etwas Besonderes bewirken werden. Gewiss, Fantasten scheitern gelegentlich (oft), aber alle großen Erfolge gehen auf ihr Konto. WERFEN SIE (FAST) ALLE REGELN ÜBER BORD.

Sind Sie durch und durch vernünftig? Wenn ja, dann haben Sie noch nichts Richtiges zustande gebracht und Ihre Zeit buchstäblich verschwendet. Oder um es mit Nicolas Chamfort[58] zu sagen: »Durch die Leidenschaft lebt der Mensch, durch die Vernunft existiert er bloß.«

Im Grunde sind alle Innovationen erst einmal unsinnig und unvernünftig. Warum soll man einen Brief mit dem Telefon schicken, wo man doch eine so schön funktionierende Post hat, also war das Faxgerät zunächst unsinnig. »Ich glaube an das Pferd. Das Automobil ist eine vorübergehende Erscheinung«, sagte Kaiser Wilhelm der II, wozu sollte man so etwas Unvernünftiges auch brauchen? Für uns heute kaum noch nachvollziehbar, auch das Internet wurde als unsinnig empfunden, Bill Gates nannte es noch 1995 eine ziemlich bedeutungslose, vorübergehende Modeerscheinung, wörtlich sagte er: »Das Internet ist nur ein Hype.«

Wenn Sie als Leiter oder Mitarbeiter der Personalabteilung oder der Personalentwicklung, des Einkaufs oder der Finanzabteilung mit sieben, elf oder auch nur vier Personen in der letzten Woche, gestern, heute nichts Unvernünftiges, im Sinne Unerwartetes, Ungewöhnliches, Überraschendes unternommen haben, dann haben Sie nur existiert, um mit Chamfort zu sprechen.

Obwohl man viele Innovationen zunächst als unsinnig und unvernünftig empfunden hat, wurde eine ziemlich bedeutende Sache aus ihnen. Vielleicht gilt das auch für die komische kleine Idee, die in Ihrem oder dem Hinterkopf Ihrer Mitarbeiter spukt. Lassen Sie Ihre Idee raus, ermuntern Sie Ihre Mitarbeiter dazu, SEIEN SIE UNVERNÜNFTIG.

Und ... verlieren Sie nicht den Mut. Denn: »Wenn man die Entwicklungsgeschichte neuer Ideen verfolgt, so fehlt die Periode der Verhöhnung niemals.« (Honoré de Balzac[59])

Was verbinden Sie mit dem Begriff Professionalität? Mit großer Wahrscheinlichkeit kommen Ihnen sofort Begriffe wie Fachkenntnis, Können, Fähigkeiten, Zertifizierung und Ausbildung in den Sinn. Vielleicht assoziieren Sie damit auch hohe Maßstäbe und Charaktereigenschaften als eine Mischung aus Primär- und Sekundärtugenden. Aber kommt Ihnen beim Wort Professionalität auch Provokation in den Sinn? Ich verstehe unter Provokation das gezielte Hervorrufen einer Reaktion oder eines Verhaltens bei anderen Personen. Und ich meine, dass jeder der eine professionelle Dienstleistung anbietet, sei es intern oder extern, die Pflicht hat zu provozieren. Sie haben die Pflicht zu provozieren, zum Denken anzuregen und Engagement hervorzurufen. Sie werden dafür bezahlt zu provozieren! Wenn Sie sich als professioneller Dienstleister innerhalb oder außerhalb von Organisationen verstehen, dann PROVOZIEREN SIE! Sie, ich, im Grunde alle Dienstleister werden nicht für ihre Anwesenheit bezahlt. Von uns wird erwartet, dass wir Anstöße geben, vorantreiben, herausfordern, anstacheln, provozieren!

Ein britisches Sprichwort sagt: »Totale Harmonie gibt es nur auf dem Friedhof!« Recht haben die Briten. Vergessen Sie Harmonie und Konsens! Ich kann mich noch gut erinnern, als in einem Unternehmen ein neuer Geschäftsführer seinen Job aufnahm, dann glaubte er fast alles richtig gemacht zu haben. Er beobachtete, war neugierig, ließ sich informieren, fragte nach, unterdrückte den Impuls schnell, Veränderungen in die Wege leiten zu müssen, um gegenüber der Führungsmannschaft und den Mitarbeitern nicht als anmaßend dazustehen. Nach ungefähr einem halben Jahr berief er schließlich ein Meeting ein und stellte den Führungskräften seine Ideen und Vorstellungen vor. Die Reaktion war allgemeine Zustimmung, von verhaltenem Kopfnicken bis offenem Beifall und Lob. »Richtig«, »Das wollten wir schon lange so machen«, »Toll dass Sie das Problem so gut erkannt haben«, »Ja warum nicht … «, »Wunderbar« – sind nur einige der Formulierungen, die er zu hören bekam. Er erzählte mir, dass er im ersten Moment ziemlich perplex war. Er wollte Diskussion und kein Lob. Was sollte er tun? Erinnern Sie sich, Sie werden dafür bezahlt, dass Sie provozieren! Genau dafür entschied er sich in diesem Moment auch. »Gut«, sagte er, »Sie kennen meine Vorschläge. Ich verlasse jetzt diesen Raum und komme in einer Stunde wieder … und dann erwarte ich dass Sie anderer Meinung sind als ich!« Nun kann man über die Art und Weise mit Sicherheit diskutieren aber dreierlei hat besagter Geschäftsführer auf jeden Fall erreicht. Erstens, er hat provoziert, sprich eine Reaktion hervorgerufen. Zweitens er hat unterschiedliche Sichtwesen und Meinungen zu hören bekommen. Drittens hat er ein Zeichen gesetzt, wie er sich Zusammenarbeit vorstellt: Nicht harmonisch und ausbalanciert, sondern spannungsreich. Nicht im Konsens, sondern in der Auseinandersetzung. Am Ende des Meetings gab er seinen Führungskräften noch etwas mit auf den Weg, indem er sagte: »Mir sind die Mitarbeiter am wichtigsten, die den Mut haben sich mit mir anzulegen, die mir ganz offen widersprechen!« Mittlerweile hat er in einer seiner Abteilungsleiterinnen eine kongeniale Partnerin gefunden. Übrigens hatte sie vorher in der harmonischen Männerrunde wenig Beachtung gefunden, vielmehr wurde jede ihrer kritischen Bemerkungen als Angriff auf die männliche Rangordnung gewertet. Nicht selten waren die Herren sogar beleidigt, ob dieser Subordination. Das war nun anders! »Wir sind grundverschieden« erzählte er mir. »Aber gerade das ist mir wichtig.« Und dieser Gegensatz ist nicht mit bequem und angenehm gleichzusetzen oder gar mit Harmonie und Konsens. Tom Peters zitiert[60] Jerry Krause, den General Manager der Chicago Bulls und der Baltimore Bullets mit den Worten: »Wenn Sie zwei Leute haben, die das Gleiche denken, feuern Sie einen der beiden. Wozu brauchen Sie unnötige Wiederholungen.« Also - WERFEN SIE KONSENS ÜBER BORD!

Bei Tom Peters fand ich ein hervorragendes Gleichnis über die Business-Welt. Tom Peters nimmt Bezug auf den Hinduismus, dessen drei Hauptgötter Brahma, Vishnu und Schiwa sind. Brahma steht für Schöpfung, Vishnu ist der Erhalter und Schiwa verkörpert die Zerstörung. In diesem Triumvirat steckt im Prinzip alles, was man über das Wesen der Wirtschaftswelt wissen muss. Es geht immer um einen Ausgleich, eine Balance zwischen dem Bewahren und Erhalten von Werten, Infrastruktur und Organisation auf der einen Seite. Dem Erfinden und Entdecken von Neuem, also der Schöpfung auf der anderen Seite und dem Überbordwerfen von Altem, somit Zerstörung auf der dritten Seite. Tom Peters schlägt in *Der Innovationskreis* vor, diese drei

Seiten in jeder Organisationseinheit mehr oder weniger formell zu verankern – kein schlechter Gedanke. Patricia Pitcher greift bewusst oder unbewusst diesen Gedanken von der deskriptiven Seite auf, indem sie in ihrem Buch *Das Führungsdrama* ausführt, dass Führungskräfte entweder brillante Visionäre und wahrhaft kreative Strategen sein müssen oder die Fähigkeit besitzen sollten, das Beste aus ihren Mitarbeitern herauszuholen und sie zu Spitzenleistungen zu motivieren. Führungskräfte, die nichts von beidem sind, können ihrer Meinung nach für eine Organisation, die Veränderungsenergie braucht, gefährlich sein. Die Ersteren bezeichnet Patricia Pitcher als Künstler, den zweiten Typus als Handwerker und die dritte Gruppe als Technokraten. Sie schildert in ihrem Buch, wie Technokraten zerstören, was Künstler geschaffen haben und von Handwerkern erhalten wurde. In dieser Radikalität klingt das natürlich schrecklich, aber wie sich herausgestellt hat, besteht der beste Mix in einem Führungsteam aus einem oder mehreren Künstlern (wenn Sie so wollen den Brahmanen), die der Organisationseinheit die nötigen Impulse geben, die schöpferisch nach Neuem streben, mehreren Handwerkern (den Vishnus), die die Organisation erhalten und pflegen, die in der Lage sind, Künstler auf das Machbare zurückzuführen, und ein oder zwei Technokraten (das Wort Zerstörer wäre mir lieber), die Bestehendes in Frage stellen und Althergebrachtes über Bord werfen wollen. Zugegeben, Letztere entsprechen nicht ganz der Definition von Patricia Pitchers Technokraten.

Entscheidend dabei ist, dass eine moderne Organisation einen Mix aus all diesen Denkweisen benötigt und Tom Peters stellt ganz richtig fest, dass niemand in der Lage ist, diese in sich zu vereinigen. Ein auf Erhaltung und Bewahrung angelegter Handwerker (Vishnu) tickt ganz anders als ein Zerstörer, den nichts mehr umtreibt, als radikal alte Zöpfe abzuschneiden und alles in Frage zu stellen, er ist geradezu sein diametraler Gegensatz. Ganz anders als die beiden ist der Schöpfer (Brahma), seine Visionen zwingen uns, unsere Sichtweise zu verändern, was interessanter Weise sowohl Handwerker als auch Zerstörer widerstrebend tun. Das Schöpfertum des Künstlers entspringt seinem Charakter, er hat eine Menge Ideen, in den Augen anderer wirkt er einfallsreich, intuitiv aber auch unberechenbar und impulsiv.

WEG MIT DEM KONSENS – TOTALE HARMONIE GIBT ES NUR AUF DEM FRIEDHOF!

Auf den Punkt

- Alte Gedanken (Zöpfe) loswerden.
- Mut = Fehler eingestehen.
- Kunst = aus Fehlern lernen.
- Misserfolgstoleranz.
- Ideen ungehindert fließen lassen.
- Risikobereitschaft.
- Investition in Mitarbeiterentwicklung, Abteilungs- und Unternehmenserneuerung.
- Wandel = Jungbrunnen.
- Vielfalt.
- Produktverliebtheit.
- Experimentieren.
- Spielen.
- Buntes Leben = Versuch und Irrtum.
- Buntes Leben = Schnelle Prototypen.
- Vergessen Sie Ressourcen.
- Misserfolge = Vorzeichen des Erfolgs.
- (Fast) alle Regeln über Bord!
- Unvernunft!
- Provokation ist eine Pflicht!
- Spannung statt Harmonie.
- Dissens statt Konsens.
- Gestalten – Erhalten – Zerstören.

10 Keine Anleitung zum Unglücklichsein

KLAGE – Wir haben nichts mehr unter Kontrolle ...

In jedem Kapitel dieses Buches geht es schlussendlich um Führung. Am Ende läuft alles darauf hinaus, dass sich die Führungskraft zum Katalysator der Begeisterung macht. Einer Begeisterung, die einem Stein gleicht, den man ins Wasser wirft, einer Begeisterung, die Wellen schlägt und sich immer weiter ausbreitet.

Leidenschaft ist angesagt – was sonst!

Es geht nicht um Taktiken, Motivationstipps und Motivationstricks. Das trifft nicht den Kern. Die Grundfrage der Führung ist: Was will ich erreichen? Von Gandhi, Franziskus bis Jobs und Guardiola, sie alle wollten etwas Bestimmtes verwirklichen, etwas erreichen, was ihnen am Herzen liegt.

Führungspersönlichkeiten verstehen es, andere zu ermuntern, das Beste aus sich zu machen, über sich hinauszuwachsen.

TRAUM – Ich glaube ...

... dass unsere chaotischen Zeiten nicht ruhiger werden – niemals!

... dass unsere Zeiten nach Intensität verlangen.

... das unsere Zeiten nach Authentizität verlangen.

... dass unsere Zeiten nach Konzentration verlangen.

... dass unsere Zeiten nach Lautstärke verlangen.

... dass unsere Zeiten mehr Chancen als Bedrohungen bieten.

Gegensätze!

Bisher	In Zukunft
Messen und normen von Führungsverhalten	Das Individuum als Unikat
Erfolgsrezepte	Begegnung auf Augenhöhe
Besonnenheit und Rationalität	Begeisterung
Manager	Unternehmer
Sicherheitsstreben	Unabhängigkeitsstreben
Egozentriker	Exzentriker
Normalität	Originalität
Menschen als Sklaven der Gesellschaft und der Gene	Menschen als etwas Besonderes
Rationale Verwalter	Emotionale Erwecker
To-do-Listen	Fokussierung
Konzentration auf Verfahren	Konzentration auf Menschen
Leise	Laut
Kalt	Leidenschaftlich
Oberflächlich	Intensiv
Kontrolle	Intuition

Ich habe das Kapitel »Keine Anleitung zum Unglücklichsein« genannt. Der amerikanisch-österreichische Kommunikationswissenschaftler und Psychotherapeut Paul Watzlawik schreibt in seinem Bestseller *Anleitung zum Unglücklichsein*, dass der Weg ins Unglück mit guten Vorsätzen gepflastert ist. Genau dieser Effekt tritt auch beim Thema Führung zu Spitzenleistungen immer wieder ein – da werden Modelle entworfen, die das Führungsverhalten besonders effektiv machen sollen, da versucht man selbiges zu messen und zu normen. Es werden »Goldene Regeln« der Führung aufgestellt. Unzählige Bücher wurden zu dem Thema veröffentlicht, die Bücherregale sind voll von Titeln wie: *Die fünf ...* meistens aber *... sieben Geheimnisse erfolgreicher Führung* – das ist alles nicht neu, da gab es schon die *Sieben Raben*, die *Sieben Zwerge*, die *Sieben Geißlein* und, wer es etwas moderner will, die *Glorreichen Sie-ben*. Ich will nun nicht diese Bücher in das Reich der Märchen, Sagen und Mythen verbannen, aber was anderes sind diese nicht als Ver-sprechen auf wundersame Wirkun-gen bei Einhaltung aller Rezepte. Es menschelt aber in unseren Unter-nehmen, Organisationen und Füh-rungsetagen und das führt dazu, dass diese Rezepte immer wieder scheitern – Gott sei Dank, wenn Sie mich fragen. Denn jeder von uns ist, und da komme ich zum Grund-tenor meines Buches zurück, etwas

Quelle: Fotolia

Besonderes, ein Unikat, ein Individuum und jeder von uns möchte als etwas Besonderes, als Unikat behandelt werden – in aller erster Linie als Mensch, als Einzelwesen, individuell und auf Augenhöhe. Aus diesem Grund möchte ich keine drei, fünf, sieben »Goldenen Regeln« aufstellen, sondern dafür appellieren, dass Sie Ihren Mitarbeitern wieder auf Augenhöhe, unverfälscht von Führungsinstrumenten und jenseits aller Normung und Ver-einheitlichung begegnen. Ich verfolge mit meinem Buch nicht die Absicht, Ihnen eine *Anleitung zum Unglücklichsein* aber auch keine Pseudorezeptur zum Glücklichsein zu liefern. Den Weg zum Glück müssen Sie, müssen Ihre Mitarbeiter selbst finden, ganz individuell. Damit Führung rockt, kommt es darauf an, menschliche Emotionen wieder in die Führung, ins Management zurückzuholen. Begeisterung braucht Leidenschaft. Diese fehlt in den Hörsälen der Fakultäten für Betriebswirtschaftslehre – OFT. Und auf den Fluren unsere Unternehmen – OFT. Wir soll-ten leben, intensiv und laut!

Der von mir im Kapitel vier erwähnte Hendrik von der Senden macht, wie gesagt, nie halbe Sachen, als er sich mehr und mehr durch die Eigentümerfamilie in seinem Handlungsspielraum beengt sah, kaufte er diesen ihre Geschäftsanteile ab und wurde so von einem Angestellten zu einem echten Unternehmer. Denn ein wichtiges Charakteristikum eines Unternehmers ist im machtlogischen Sinn seine Gleichrangigkeit. Er ist nur sich selbst verantwortlich und sein Unabhängigkeitsstreben war ein wichtiger Motor für seine Entscheidung. Erst diese grundlegende Entscheidung hat dazu geführt, dass er sich seine Strukturen und Regelungen selbst schaffen konnte. Hendrik sieht sich als Agenten des Wandels, wenn er etwas für richtig erachtet, dann setzt er es um, kompromisslos, mit höchster Priorität. Er tut das mit einer Konsequenz, mit der ein Jagdterrier einen Fuchsbau sprengt. So wie er die Entscheidung traf, zum echten Unternehmer zu werden, widmete er sich dem Thema Talent. Er erzählte mir einmal, dass es für ihn wichtig war, zu begreifen, dass das Gegenteil von rational nicht emotional, sondern irrational ist: »Wer unternehmerisch handelt, kann nicht mehr nur besonnen und rational vorgehen, Engagement ist mehr als das, Engagement heißt für mich, sich im Grenzbereich zur Exzentrik zu bewegen!« Er hält einfach nichts von halbherzigen Maßnahmen. So war es, als er das Thema offene Strukturen entdeckte und seine Führungskräfte plötzlich ihre Büros verloren und sich mitten unter ihren Teams wiederfanden, so war es auch, als er alle Einstellungskriterien in Frage stellte und sich die ausgesonderten »schrägen Vögel« selbst anschaute. WILLKOMMEN IM CLUB DER EXZENTRIKER.

Der Neuropsychologe David Weeks[61], hat an der Uni in Edinburgh das Leben von mehr oder weniger berühmten Paradiesvögeln wissenschaftlich untersucht. Weeks empfiehlt uns allen, ein bisschen verrückter zu sein. »Exzentriker sind viel glücklicher. Sie werden älter als andere Menschen und sehen häufig besser aus.« Um etwas exzentrischer zu sein, muss man kein Gartenzwerg-Fan wie Ann Atkin sein und selbst Zwergen-Zipfelmützen tragen, auch keine zweite Barbara Cartland, die bis zu ihrem Tod in einem rosa dekorierten Schloss lebte. Das Lebenselixier des Exzentrikers ist eine magische Mischung aus Furchtlosigkeit und Originalität. Nichts scheint Exzentrikern peinlich, und egal, welche absonderlichen Dinge sie auch tun: Sie verlieren nie das Gefühl, sie selbst zu sein. Sie sind spontan und zäh, mutig und einfallsreich. Wer unter Exzentrik-Verdacht steht, tut selbst gewöhnliche Dinge auf ungewöhnliche Art, so drückt es Neuropsychologe Weeks aus.

Exzentrisches Verhalten ist oft nicht nur erfolgreich, sondern auch heilsam für die Umgebung der Abweichler, das haben David Weeks' Studien gezeigt. In einer Zeit, in der Menschen wie Sklaven der Gesellschaft oder der Gene wirken, zeigen Exzentriker, dass jeder Mensch etwas Besonderes ist. »Indem sie Normen missachten, die die meisten von uns nie infrage stellen, zeigen sie uns, wie viel persönliche Freiheit wir unnötigerweise verschenken«, schreiben David Weeks und Jamie James in ihrem Buch *Exzentriker*. Deshalb sind die Reaktionen der Mitmenschen oft auch positiv. Die meisten Exzentriker kümmert es wenig, wenn die Normalo-Fraktion bei ihrem Anblick aus den Schuhen kippt. Häufig aber sind sie große Menschenfreunde, Exzentrik bedeutet nämlich nicht Egozentrik. Zum Beispiel die Düsseldorfer Ärztin Uschi Bierbaum-Bucksch, deren Passion es ist, Marathon barfuß zu laufen, hat kleine goldene Sticker anfertigen lassen, Fußabdrücke, die man sich ans Revers heften kann, mit der Gravur: Barfuß für Menschen. Bei ihren Läufen sammelt sie Geld und stiftet es für karitative Einrichtungen.

Die Geschichte exzentrischer Persönlichkeiten prägen Charaktere wie Mary Kingsley. Deren Leben bestand vor allem darin, die Konventionen ihrer Zeit zu sprengen. Zum Schrecken ihrer Verwandtschaft wurde aus ihr nicht die wohlerzogene Dame im England Königin Viktorias, sondern sie reiste Ende des 19. Jahrhunderts durch Afrika und hielt ihre Erlebnisse im Buch *Die grünen Mauern meiner Flüsse* fest. Die Afrikaforscherin hatte auch den Tick, in jeden Raum mit einem Eintritt-verboten-Schild hineinzuspazieren. Sie meldete sich dabei immer mit dem Satz »Ich bin's nur« an, das verschaffte ihr schließlich den Spitznamen »Nur ich«.

Exzentriker zeichnet neben der Lust, klassische Rollenbilder zu sprengen, ihre Neugier und ihr Pioniergeist aus – ein gutes Beispiel dafür ist die Künstlerin Barbara Buchholz. Sie spielte früher erfolgreich Bass in einer Frauen-Jazzband. Anfang der 90er Jahre erlebte sie, wie die Russin Lydia Kavina ein seltsames Instrument spielte, ein Theremin, und damit war es um sie geschehen. Das Theremin wird ohne Berührung zum Klingen gebracht. Es ist etwas größer als die Tatstatur eines Computers, rechts und links ragen Antennen heraus, die Lautstärke, Artikulation, Phrasierung, Tonhöhe und Vibrato regeln. Von Bach bis zu experimentellen Klang-Landschaften ist damit alles möglich. Barbara Buchholz erzeugt die Töne durch Bewegung ihrer Hände rund um die Antennen.

Nach ihren Konzerten muss Barbara Buchholz oft ihr seltsames Instrument erklären. Die Gespräche sind für sie ein guter Kontrast zum Spiel, bei dem sie sich völlig in die Töne versenkt. Sie liebt den Gegensatz, Konzentration und Kommunikation, das ist es, was sie als Künstlerin und Mensch am meisten fasziniert. Damit hat sie wohl die innere Wahrheit jeder Exzentrikerin, jedes Exzentrikers formuliert. Eine Synthese aus Ganz-bei-sich-Sein und Kontakt-zur-Welt-Suchen.

»Jede Spezies passt sich an, der Mensch ist das einzige Wesen, das die Bedingungen seiner Umwelt nicht akzeptiert«, schreibt Weeks. Exzentriker haben großes Interesse an ihrer Umgebung und wissen genau, dass sie keine Fantasiewelt umgibt. Denn statt zu träumen, leben sie ihren Traum. Sie sind wahre Individualisten, sie brauchen keine In-and-Out-Listen und weigern sich, bei ihren Idealen Abstriche zu machen. Innovation erfordert Leidenschaft, seien Sie ein BEKENNENDER EXZENTRIKER, seien Sie besonders und lassen Sie das Besondere zu!

Nach Ralph Waldo Emerson[62] ist »nichts Großes je ohne Begeisterung geschaffen worden«.

Begegnet man Andris Nelsons, dann trifft man auf einen legeren jungen Mann, der sich eher als eine Art emotionaler Erwecker und weniger als Diktator sieht. Beobachtet man den jungen Dirigenten bei der Arbeit, fühlt man sich eher an einen Fußballtrainer als an einen gestrengen Lateinlehrer erinnert. Neben seiner Bostoner Stelle, wird das Ausnahmetalent ab 2017 den derzeitigen Leipziger Gewandhauskapellmeister Riccardo Chailly beerben. Bei seinem Debüt in Leipzig 2011 berichtete der Orchestervorstand von einem Ereignis, das sich schwer in Worte fassen ließe: »Er strahlte eine mitreißende Begeisterung für die Musik aus und schenkte uns ein Vertrauen, das jede mühsame Überzeugungsarbeit überflüssig machte.« Eine fantastische Symphonie entsteht erst dann, wenn jeder Musiker im Orchester weit über sich selbst hinauswächst und das geht nur mit Engagement und emotionaler Beteiligung (Begeisterung) und darüber hinaus mit dem korrekten Spielen einer Partitur.

Wie bringt man nun die Musiker von einer professionell gespielten Partitur zur Spitzenleistung? Wie erreicht man den entscheidenden Fortschritt? Wie wäre es mit EMOTIONALER ERWECKER? Wie hoch schätzen Sie sich selbst auf einer Skala zur Begeisterungsvermittlung ein? Jetzt? Heute?

Werden Sie als Leiter, von was auch immer, ein EMOTIONALER ERWECKER.

Was befähigt Menschen zu einer derartigen Energieleistung, was bringt sie zu einer derartig fokussierten Begeisterung und ist das nicht auch ein wenig verrückt? Natürlich! Und vieles lässt sich nicht eins zu eins von Exzentrikern und Psychopathen auf »Normalos« übertragen. Aber können wir von Psychopathen dennoch etwas lernen? Der britische Psychologe und Experte für das Thema Psychopathie Kevin Dutton[63] meint ja. Wenn wir an Psychopathen denken, dann haben wir sofort Hannibal Lecter aus dem Film *Das Schweigen der Lämmer* oder Ted Bundy, der mindestens 36 Frauen tötete, im Kopf. Aber Dutton hält nicht alle Psychopathen für geisteskrank, in einigen sieht er sogar Vorbilder. »Psychopathen haben gewisse positive Wesenszüge«, sagt Dutton[64]. »Wenn wir es auf einer professionellen Ebene betrachten, sind Psychopathen durchsetzungsfähig. Sie schieben nichts vor sich her, konzentrieren sich auf das Positive, nehmen nichts persönlich, hadern nicht mit sich selbst, wenn die Dinge einmal schiefgehen und unter Druck handeln sie sehr überlegt. Ich denke, im Alltag könnten wir alle von derartigen charakteristischen Merkmalen profitieren.« Psychopathie ist nach Duttons Meinung nicht zwingend krankhaft, bei den Serientätern kommen noch andere Faktoren, wie Dissozialität, Neigung zur Gewalt, Intelligenzminderung und schlechte soziale Voraussetzungen hinzu. Ein Schuss Psychopathie kann nach Dutton ein regelrechter Karriereturbo sein, so hat zum Beispiel Steve Jobs, der 2011 verstorbene Apple-Chef, eine ganze Reihe psychopathischer Merkmale besessen: magisches Charisma und unbekümmerte Rücksichtslosigkeit. Als »funktionelle Psychopathen« bezeichnet Dutton diese Menschen und nennt in seinem Buch Neil Amstrong als weiteres Beispiel.

Psychopathen sind sehr charismatisch. Sie haben eine ansteckende Energie, sie umgibt eine Aura der Unbezähmbarkeit. Das hat einen Grund: Psychopathen werden nicht von denselben Ängsten geplagt wie der Rest von uns. Für sie ist alles möglich. Sie konzentrieren sich auf das Positive. Das wirkt sehr inspirierend. Jeder von uns möchte ein bisschen so sein wie sie.

Natürlich führt das nicht immer zum Erfolg, beste Beispiele dafür sind Thomas Middelhof, bei dem die deutsche Öffentlichkeit

mit großem Staunen den kometenhaften Aufstieg und anschlie-
ßenden tiefen Fall von »Big T« verfolgen konnte. Die Begeisterung für das einstige »Wunderkind der deutschen Wirtschaft«
schlug in Häme und Verachtung um. Ebenso der Ex-Chef von
Lehman Brothers, er war der Prototyp eines erfolgreichen Psychopathen, skrupellos, selbstherrlich und am Ende verantwortlich für einen 600-Milliarden-Dollar-Bankrott.

Im Jahr 2011 führte Dutton eine Studie mit der Bezeichnung
»Die Große Britische Psychopathenstudie[65]« durch. Diese
Studie ist die erste Untersuchung, die psychopathische Eigenschaften innerhalb der Erwerbsbevölkerung eines ganzen
Landes gemessen hat. Was, glauben Sie, wird wohl der psycho-
pathischste Beruf Großbritanniens sein? Auf Platz eins lagen
die Unternehmer, gefolgt von Anwälten und Medienvertretern,
danach kamen die Chirurgen. Das überraschendste Ergebnis
waren die Plätze sieben und acht: Dort lagen Geistliche. Dutton
verwundert dies nicht: »Psychopathen schlagen sich sehr gut in
Berufen, in denen eine große Machtdynamik herrscht, in denen
es sehr hierarchisch zugeht.« Unternehmer, Anwälte, Chirurgen
alles Psychopathen? Nach Kevin Dutton besteht kein Grund
zur Sorge, denn die Gesellschaft profitiert von erfolgreichen
Psychopathen. Wie zum Beispiel von Chirurgen, die ohne
innere Härte und situative Empathielosigkeit gar nicht in der
Lage wären, am offenen Herzen zu operieren. Sozial akzeptierte
Helden und Psychopathen sind einander nicht unähnlich.

Was kann man denn nun konkret von einem Psychopathen
lernen? Nehmen wir Neil Amstrong, laut Dutton ein Mus-
terbeispiel eines funktionierenden Psychopathen. Der erste
Mensch auf dem Mond war stets eiskalt. Sein Kollege Edwin
Aldrin stand während der Mondlandung Todesängste aus,
das Kontrollzentrum in Houston registrierte bei Armstrong
nicht einmal eine Pulserhöhung, als er den Mond betrat. Diese
Coolness würden wir uns alle wünschen, das wird aber schwer
möglich sein, es sei denn Sie besitzen die Unerschrockenheit

eines Psychopathen. Wovon wir aber lernen können, ist die Fokussierung Armstrongs. Vergessen Sie alle To-do-Listen! Jeder Depp kann am Morgen, zwischen Dusche und Frühstück eine To-do-Liste mit 15 Punkten aufstellen. Worauf es ankommt ist, sich kurz, knapp und zielstrebig auf ein oder zwei tiefgreifend beeindruckende Dinge zu konzentrieren. Erstellen Sie ruhig eine umfangreiche To-do-Liste, streichen Sie dann alles, was nicht nachhaltig ist, fragen Sie sich: »Ist es in einem Jahr noch wichtig?« Streichen Sie alles, was gängigen Klischees entspricht, was nicht beeindruckend, der Mühe nicht wert ist. Streichen Sie, streichen Sie, bis nur noch drei, besser zwei Punkte übrig sind! Auf diese Punkte fokussieren Sie dann Ihre Anstrengungen, tragen Sie die Punkte auf einem Kärtchen bei sich, befragen Sie die Liste jeden Tag, jede Stunde. Leidenschaft braucht KONZENTRATION!

Das im dritten Kapitel beschriebene Unternehmen der Medizintechnikbranche wandelte sich nicht nur zu den Sonofreaks, sondern wurde auch personell immer größer, aus den ehemals 15 Mitarbeitern wurden im Laufe der Jahre fast 30. Der Geschäftsführer, ein Diplom-Ingenieur für Medizintechnik, ein wahrer Technik- und Vertriebsfreak, hatte alles in allem auch ein gutes Händchen für Menschen. Aber diese Begabung wurde ihm zunehmend zum Problem. Am Ende eines jeden Arbeitstages, wenn er sich müde und gestresst auf den Heimweg machte, hatte er das Gefühl wieder nur »gearbeitet worden« zu sein und nichts Richtiges geschafft zu haben. Rückblickend war er die ganze Zeit mit Personalangelegenheiten beschäftigt. Eine Situation, die mir aus meiner Coachingpraxis nur zu bekannt war. Vor allem auf sehr produkt- und technikorientierte Führungskräfte wirkt diese Tatsache sehr entmutigend, sie finden es belastend, immer wieder kostbare Zeit für Personalfragen aufwenden zu müssen. Einige haben ein Talent für Menschen, andere nicht – wird ein Unternehmen größer, wird schnell deutlich, dass die Mitarbeiter, die Menschen das Wichtigste sind. Insbesondere jungen Führungskräften, die wie Hendrik das Gefühl haben, am Abend nichts »Vernünftiges« getan zu haben, außer sich mehr oder weniger mit Beziehungsproblemen beschäftigt zu haben, sei gesagt: Willkommen in der Realität. Menschen sind real, MENSCHEN SIND DAS WICHTIGSTE! Das ist übrigens eine Fähigkeit, bei der wir »Normalos« den oben erwähnten Psychopathen um Lichtjahre voraus sind. Schaffen Sie es, ein Händchen für Menschen und Beziehungen zu entwickeln, ja richtig gut darin zu werden, dann haben Sie das Zeug zum Führen! Verwenden Sie einen großen Teil Ihrer Zeit, 70 Prozent oder mehr, auf »Menschen«, widmen Sie sich der Förderung Ihrer besten Talente. Sehen Sie Personalfragen nicht als lästige Pflicht an! KONZENTRIEREN SIE SICH AUF MENSCHEN!

Ich bekam vor drei Jahren vom Geschäftsführer eines genauer gesagt zweier chemischer Unternehmen den Auftrag ihn zu coachen. Es ging dabei darum, ihn bei der Fusion, insbesondere der administrativen Strukturen der beiden Unternehmen zu begleiten. Nach langen Gesprächen mit Mitarbeitern und Führungskräften stand die neue Unternehmensstruktur und er fragte mich, was jetzt noch Wichtiges zu tun sei, um einen dauerhaften Wandel im Unternehmen zu bewirken? Im ersten Moment wusste ich auch keine Antwort, alles schien getan, alles schien bedacht – doch dann gab ich spontan die Antwort: »Sagen Sie die Wahrheit, sorgen Sie für Transparenz!« Er war zunächst verblüfft. »Auch wenn ein Abschließendes Gespräch mit dem Betriebsrat noch aussteht?«, fragte er. »Ja, auch dann!« Die Mitarbeiter wurden daraufhin von ihm in einer Belegschaftsversammlung informiert. Er betonte dabei ausdrücklich, dass ihm zwei Dinge wichtig sind: erstens dass Information und Transparenz für ihn absoluten Vorrang haben und zweitens, dass die Informationen nach bestem Wissen und Gewissen dem aktuellen Stand entsprechen und natürlich morgen schon wieder ganz anders sein können. Wenn es um Wandel im Unternehmen geht, sind immer zwei Gesichtspunkte von Bedeutung[66]. Erstens wie stark die Mitarbeiter die

Veränderung als Bedrohung empfinden, davon hängt in der Regel auch ihr Bedürfnis nach Orientierung ab. Zweitens wie hoch das Ausmaß an Einstellungs- und Verhaltensänderung ist, die durch die Veränderung den Mitarbeitern abverlangt wird. Beide Aspekte haben einen großen Einfluss darauf, mit wie viel Widerstand und Unwillen seitens der Mitarbeiter zu rechnen ist und wie viel Motivations- und Überzeugungsarbeit von Nöten sein wird. Wenn sich eine Organisation im Umbruch befindet, dann stehen die Mitarbeiter oft »Todesängste« aus, es besteht ein verständlicher Bedarf nach Orientierung und Aufklärung, Informationen werden den Führungskräften förmlich aus den Händen gerissen. Aber das Management versucht oft, die Wahrheit zu verschleiern, entweder weil man sie selbst nicht kennt, oder weil man selbst verunsichert ist und Angst vor der Reaktion der Mitarbeiter hat. Intransparenz führt bei den Mitarbeitern zu wilden Spekulationen und die Gerüchteküche brodelt. Aus den Spekulationen werden in den Köpfen »psychologische Tatsachen«, in deren Folge die Stimmung kippt und das Management in die Defensive gerät.

Transparenz ist der beste (einzige) Weg, aus Mitarbeitern mit Existenzängsten Mitstreiter zu machen! Transparenz bedeutet, Mitarbeitern die Wahrheit zu sagen, nach bestem Wissen und Gewissen! Transparenz bedeutet, die Wahrheit zu sagen, soweit sie mir selbst im Augenblick bekannt ist! Das bedeutet, zu informieren, selbst wenn die Informationen unvollständig und morgen schon wieder ganz anders sind.

Vor einigen Jahren erlebte ich den Führungswechsel an der Spitze der Tochter eines multinationalen Konzerns, der neue Geschäftsführer war bestrebt, aus seiner Sicht ineffiziente Strukturen zu verändern, gleichzeitig bemühte er sich mit den Führungskräften aller Hierarchieebenen ins Gespräch zu kommen. Zu diesem Zweck führte er einen Kaminabend ein, und lud Führungskräfte querbeet aus allen Führungsebenen dazu ein. Besagter Manager war ein Macher, scharfsinnig und ein guter Analytiker und … er blieb immer bei der Wahrheit! Als die eingeladenen Führungskräfte nach und nach vor dem Gebäude eintrafen, schaute er aus dem Fenster und sagte: »Da kommen sie wieder, die Speichellecker!« Wie gesagt, er war scharfsinnig, aber er war kein politischer Mensch, der geschickt zu manövrieren wusste. Max Frisch drückt es so aus »Man sollte dem anderen die Wahrheit wie einen Mantel hinhalten, dass er hineinschlüpfen kann, und sie ihm nicht wie einen nassen Lappen um die Ohren schlagen.«[67]

In der wilden Nachwendezeit war ich Zeuge, wie der neue Geschäftsführer eines Chemieunternehmens vor der Aufgabe stand, einerseits von 6000 Mitarbeitern 4000 zu entlassen und andererseits die Motivation der Belegschaft zu erhalten und den wirtschaftlichen Turnaround des Unternehmens zu schaffen – eine Herkulesaufgabe. Er verfolgte eine konsequente Informationspolitik mit absoluter Transparenz und Offenheit. Während eines Seminars sagte der Vorsitzende des Betriebsrates zu mir: »Hans-Hermann ist absolut authentisch und aufrichtig, was er sagt, meint er auch so. Zugegeben, manchmal tut die Wahrheit auch weh!«

Erfolgsgeheimnis Nr.1, besonders dann, wenn sich Organisationen im Umbruch befinden: Sie, die Führungskräfte, sollten authentisch und aufrichtig sein. Erfolgsgeheimnis Nr. 2, siehe Nr. 1! Leidenschaft erfordert TRANSPARENZ!

»Wenn Sie mich, als Künstler fragen, was ich in dieser Welt zu tun habe, werde ich antworten: Ich bin hier, um laut zu leben!«, war Emile Zolas[68] Lebensmotto. Dem ist nichts hinzuzufügen! Uns wurde die Chancen geschenkt, LAUT, LEIDENSCHAFTLICH UND INTENSIV leben zu können!

Ihre Gene, Ihr Fleiß, Ihr Geschick, aber auch Fortuna haben es so gewollt, dass Sie in einer Zeit Verantwortung als Führungskraft haben, in der gerade die größten Veränderungen seit Menschengedenken die Arbeitswelt erschüttern. Wird es uns gelingen, dieser irrsinnigen Verantwortung gerecht zu werden? Werden wir die sich uns bietenden Chancen nutzen oder ungenutzt verstreichen lassen? Werden wir die Beherztheit, die Tatkraft, das Stehvermögen, die BEGEISTERUNG aufbringen, so laut zu leben, wie es diese turbulenten und spannenden Zeiten erfordern?

Quelle: Fotolia

Die zentrale Frage für unsere Zukunft, unser Unternehmen, unsere Familien, uns selbst ist, was wir auf der Welt zu tun haben ...

WIR SIND HIER UM LAUT ZU LEBEN!!!

Laut Walter Röhrl beginnt »die wahre Kunst der Fahrzeugbeherrschung im instabilen Fahrzustand!«[69,70] Mit anderen Worten mit Gespür, Intuition und dem Gefühl, nicht alles unter Kontrolle zu haben.

Jede Seite dieses Buches widmet sich direkt oder indirekt dem Thema Führungsqualitäten in scheinbar chaotischen Zeiten. An dieser Stelle möchte ich es noch einmal ausdrücklich betonen: Ein Klima des freien Denkens und der Innovation braucht Führungskräfte als emotionale Erwecker – Leidenschaft ist angesagt. In unseren Zeiten kann man nicht alles unter Kontrolle haben, sie verlangen nach Führungskräften, die das akzeptieren, nach Führungskräften mit Gespür, Intuition und Begeisterung.

Ich möchte noch einmal eine Metapher aus dem Rennsport bemühen: »Autofahren beginnt für mich dort, wo ich den Wagen mit dem Gaspedal statt dem Lenkrad steuere. Alles andere heißt nur die Arbeit machen.«[71] (Walter Röhrl) Also machen Sie als Führungskraft nicht einfach nur ihre Arbeit, BENUTZEN SIE DAS GASPEDAL ZUM STEUERN!

Auf den Punkt

- Keine Rezepte!
- Emotionen ins Management.
- Exzentrik.
- Furchtlosigkeit und Originalität.
- Rollenbilder und Konventionen sprengen.
- Gegensatz – Konzentration – Kommunikation.
- Träume leben.
- Coolness.
- Konzentration.
- Menschen sind das Wichtigste.
- Transparenz.
- Leben = Laut.
- Leben = Intensiv.
- Leben = Leidenschaftlich.

Quelle: Fotostudio Corinna DIGITAL/Thomas Malik

»NUR DAS LEBENDIGE SCHWIMMT GEGEN DEN STROM!«

Karlheinz Descher[72,73]

Dank

Ein herzliches Dankeschön gilt Carmen, meiner Partnerin, unge-
duldiger Geist, scharfe, konstruktive Kritikerin und gleichzeitig
kreativer Kopf und Ideengeber – für ihre Begleitung.

Dr. Holger von der Emde, langjähriger Weggefährte, Manager,
innovativer Unternehmer und Geschäftsführer der Ornamin
Kunststoffwerke Wilhelm Zschetzsche GmbH & Co. KG – für
das Lesen eines ersten Entwurfs, trotz ständiger Zeitprobleme
und die ermunternden Worte zu diesem Buch.

Dank an Sieghardt Rydzewski, für das erste Korrekturlesen
und die Anregungen aus seiner langjährigen Politiker- und
Führungspraxis.

Bedanken möchte ich mich bei Herrn Benny Behr, der als In-
sider eines multinationalen Konzerns mich darin bestärkte, an
meinem Projekt festzuhalten.

Ebenso danken möchte ich dem Geschäftsführer der MO-
NAMED GmbH, Diplom-Kaufmann Martin Foerstner, der
immer an mich geglaubt hat, für entscheidende Impulse bei der
Umsetzung des Projektes.

Dank gilt auch meinen nicht genannten Weggefährten aus meinen langen Jahren als Trainer, Berater und Coach, ohne ihre Part-
nerschaft und die Möglichkeit der Zusammenarbeit wäre dieses
Buch nie entstanden.

Das Gleiche gilt für meine unzähligen Seminarteilnehmer, die
mich durch ihre Praxiserfahrung bereichert haben.

Ein ganz besonderer Dank gilt meiner Lektorin Frau Jutta Hörn-
lein für ihre fachkundige, professionelle, freundliche Begleitung
und Beratung. Großen Dank dem Wiley Verlag, der mir dieses
Buch erst ermöglicht hat.

Anmerkungen

1 Kurzweil, R.: *Homo Sapiens: Leben im 21. Jahrhundert - Was bleibt vom Menschen?* Berlin 2000.

2 Joseph Alois Schumpeter (* 08.02.1883 in Triesch; Mähren, 08.01.1950 in Taconic, Connecticut, USA) ein österreichischer Nationalökonom und Politiker.

3 Utterback, J.M.: »Mastering the Dynamics of Innovation«, *Harvard Business Review Press*, Brighton 1996.

4 Bakker, J.: »Paradigms: The Business of Discovering the Futer«. *Harper Business*, New York 1993.

5 Peters, T.: *Re-imagine*, London 2004.

6 Nordstrom, K.; Ridderstrale, J.: *Funky Business Forever: How to Enjoy Capitalism* (Financial Times Prentice Hall), Harlow Essex 2007.

7 Sanders, T.; Stone, G.: *Love Is the Killer App: How to Win Business and Influence Friends* (Crown Business) New York 2002.

8 NDR 29.11.2014 19:20 Uhr: Streitkräfte und Strategien.

9 Weinberger, D.: *Small Pieces Loosely Joined: A Unified Theory Of The Web*, New York 2002.

10 Kunde, J.: *Unique, Now or Never: The Brand is the Company Driver in the New Value Economy* (Financial Times Prentice Hall), Harlow Essex 2002.

11 Henry Mintzberg (* 2. September 1939) kanadischer Professor für Betriebswirtschaftslehre und Management.

12 Welch, J.; Burne, J. A.: *Jack*, New York 2001.

13 John Francis »Jack« Welch Jr. geboren am 19. November 1935 in Peabody, Massachusetts von 1981 bis 2001 CEO von General Electric.

14 »Bindung steigt, Leidenschaft dümpelt«, *Harvard Business Manager*, Hamburg 2015.

15 Frey, C.B.; Osborne M.A.: *The Future of Employment: How susceptible are Jobs to Computerisation?* Oxford 2013.

16 Lynda Gratton, Professorin für Management Practice an der London Business School.

17 Tamara J. Erickson, Presidentin des Concours Institute der BSG Alliance.

18 Gratton, L.;Erikson, T.J.: »Wie gute Teams funktionieren«, *Harvard Business Manager*, Hamburg 2008.

19 Argyris, Chris: *Teaching Smart People How to Learn*, 1991.

20 Reformer des Managements und der Entwicklung des Waldes in den Vereinigten Staaten.

21 Pinchot, G.: *Intrapreneuring: Why You Don't Have to Leave the Corporation to Become an Entrepreneur*, Oakland 1985.

22 Löw, J.: »Mit der Brechstange gewinnt man keinen Blumentopf«, *Süddeutsche Zeitung*, München 2015.

23 Handball-Bundestrainer Sigurdsson, Architekt des Aufschwungs, in: RP-Online.de, 29.01.2016.

24 Pitcher, P.: *Das Führungsdrama: Künstler, Handwerker und Technokraten im Management*, Stuttgart 2008.

25 Allgemeiner »Intelligenzfaktor«: *General Factor of Intelligence* »g«.

26 Gary Hamel (* 1954) ist ein amerikanischer Ökonom und Unternehmens-berater.

27 Hamel, G.; Prahalad, C.K.: »Competing for the Future«, in: *Harvard Business Press*, Brighton 1996.

28 Richard Phillips Feynman (* 11. Mai 1918 in Queens, New York; ÷ 15. Februar 1988 in Los Angeles) amerikanischer Physiker und Nobelpreisträger.

29 Feynmann, R.P.: *Es ist so einfach: Vom Vergnügen, Dinge zu entdecken*, München 2003.

30 https://konzertkritikopernkritikberlin.wordpress.com/2012/03/04/kritik-berliner-philharmoniker-thielemann-bruckner-strauss.

31 Peters, T.; Watermann, R. H.: *Straff-lockere Führung*, 2006.

32 Bennis, W.G.; Ward Biederman, P.: *Organizing Genius: The Secrets of Creative Colloboration: The Secrets of Creative Collaboration*, New York 1997.

33 Stanley Crouch, amerikanischer Jazz-Musiker, in *Forbes Big Issues*: »The Examined Life in the Digital Age«, 2001.

34 O'Toole, James: *Leading Change: Overcoming the Ideology of Comfort and the Tyranny of Custom*, Jossey-Bass 1995.

35 Nicholas Negroponte (* 1943 in New York City), amerikanischer Informatiker und Professor am Massachusetts Institute of Technology (MIT), Mitbegründer des MIT Media Lab und Galionsfigur der gemeinnützigen Initiative One Laptop per Child.

36 Gerstner, J.: *Cyber-Architect Nicholas Negroponte, Communication World*, Kingston 1996.

37 Peters, T.: *Re-imagine*, London 2004.

38 Sprenger, Reinhard: *Aufstand des Individuums*, 2000.

39 Max (Maximilian Carl Emil) Weber (* 21. April 1864 in Erfurt; † 14. Juni 1920 in München) war ein deutscher Soziologe und Nationalökonom, zitiert aus Reinhard K. Sprenger *Aufstand des Individuums*, 2000.

40 Jules Renard (* 22. Februar 1864 in Châlons-du-Maine; † 22. Mai 1910 in Paris) war ein französischer Schriftsteller.

41 Renard, J.: *Ideen, in Tinte getaucht: aus dem Tagebuch von Jules Renard*, München 1986.

42 Conot, R.E.: *Thomas A. Edison: A Streak of Luck*, New York 1986.

43 Das Unternehmen ist dem Autor bekannt.

44 Prof. Dr. Yvonne Schoper, Präsidentin der Deutschen Gesellschaft für Projektmanagement in der *Welt* vom 27.01.2016.

45 William Gus Pagonis, Generalleutnant, Direktor für Logistik während des Golfkrieges 1991, danach Executive Vice President für Logistik bei Sears Roebuck & Co., gründete 2000 Railamerica, Inc.

46 Waldrop, M.M.: »The Trillion-Dollar Vision of Dee Hock«, *Fast Company*, New York 1996.

47 Utterback, J.M.: »Mastering the Dynamics of Innovation«, *Harvard Business Review* Press, Brighton 1996.

48 www.fool.com, 2015.

49 Alan Roger Mulally (* 4. August 1945 in Oakland, Kalifornien), amerikanischer Ingenieur und Manager, von September 2006 bis Juni 2014 Präsident und CEO der Ford Motor Company.

50 John Micklethwait (* 11 August 1962), englischer Journalist, seit Februar 2015 Chefredakteur von Bloomberg News, vorher Chefredakteur von The Economist.

51 Micklethwait, J.: »Vital intangibles What it takes to come top in technology«, *Economist*, London 1997.

52 Wildcat GmbH; Wankelstraße 5, 48599 Gronau.

53 Michael Schrage, amerikanischer Autor und weltweit einer der provokantesten Vordenker auf dem Gebiet der Innovation.

54 *Inc. Magazine* ist ein 1979 gegründetes US-amerikanisches Monatsmagazin mit dem Fokus auf Wachstumsunternehmen.

55 Peters, T.: *Re-imagine*, London 2004.

56 Katharine Houghton Hepburn (* 12. Mai 1907 in Hartford, Connecticut; † 29. Juni 2003 in Old Saybrook, Connecticut) US-amerikanische Schauspielerin.

57 eigentlich Oscar Fingal O'Flahertie Wills (1854–1900), irischer Lyriker, Dramatiker und Bühnenautor.

58 Sebastien Roch Nicolas de Chamfort (1741–1794) französischer Dramatiker und Mitglied der Academie Francaise.

59 Honoré de Balzac (* 20. Mai 1799 in Tours; † 18. August 1850 in Paris) französischer Schriftsteller.

60 Peters, T.: *Der Innovationskreis*, Düsseldorf und München 1998.

61 Weeks, D.J.; James, J.: *Exzentriker*, Reinbeck 1997.

62 Ralph Waldo Emerson (1803–1882), US-amerikanischer Geistlicher, Lehrer, Philosoph und Essayist.

63 Kevin Dutton (* 1967 in London) ist ein britischer Psychologe und Autor. Er ist Professor der University of Oxford mit dem Forschungsschwerpunkt Psychopathie.

64 Dutton, K.: *Psychopathen: Was man von Heiligen, Anwälten und Serienmördern lernen kann*, München 2014.

65 Adams, T.: »Science and nature: The Wisdom of Psychopaths by Kevin Dutton – review – A convincing study shows that business leaders and serial killers share a mindset«, *The Guardian*, London 2012

66 Nach der sehr zu empfehlenden Homepage von Winfried Berner und Kollegen – www.umsetzungsberatung.de.

67 Max Frisch: *Tagebuch 1966-1971*, Frankfurt a.M. 1976.

68 Émile Édouard Charles Antoine Zola (* 2. April 1840 in Paris; † 29. September 1902 in Paris) war ein französischer Schriftsteller und Journalist.

69 Walter Röhrl (* 7. März 1947 in Regensburg) deutscher Rallyefahrer.

70 AUTOTUNING.DE, *Auto & Tuning Magazin*, Spaichingen 2014.

71 ebenda.

72 Karlheinz Descher eigentl. Karl Heinrich Leopold Descher (*23.05.1924 Bamberg † 08.04.2014 Haßfurt am Main), deutscher Schriftsteller, Literaturwissenschaftler, Theologe und Kirchenkritiker.

73 Descher, K.: *Nur Lebendiges schwimmt gegen den Strom*, Basel 1985.

Quellen

Adams, T.: »Science and nature: The Wisdom of Psychopath's by Kevin Dutton – review – A convincing study shows that business leaders and serial killers share a mindset«, in: *The Guardian*, London 2012

Argyris, C.: »Teaching Smart People How to Learn«, in *Harvard Business Review Classics*, Mai 2008

AUTOTUNING.DE, Auto & Tuning Magazin, Spaichingen 2014

Bakker, J.: Paradigms: »The Business of Discovering the Futer«. in: *Harper Business*, New York 1993

Bennis, W.G.; Ward Biederman P.: Organizing Genius: The Secrets of Creative Colloboration: The Secrets of Creative Collaboration, New York 1997

»Bindung steigt, Leidenschaft dümpelt«, in: *Harvard Business Manager*, Hamburg 2015

Conot, R.E.: *Thomas A. Edison: A Streak of Luck*, New York 1986

Crouch, S.: »Big Issues: The Examined Life in a Digital Age«, in: *Forbes ASAP*, Hoboken 2001

Descher, K.: *Nur Lebendiges schwimmt gegen den Strom*, Basel 1985

Dutton, K.: *Psychopathen: Was man von Heiligen, Anwälten und Serienmördern lernen kann*, München 2014

Feynmann, R.P.: Es ist so einfach: Vom Vergnügen, Dinge zu entdecken, München 2003

Frey, C.B.; Osborne, M.A.: *The Future of Employment: How susceptible are Jobs to Computerisation?* Oxford 2013

Frisch, M.: *Tagebuch 1966-1971*, Frankfurt a.M. 1976

Gerstner, J.: »Cyber-Architect Nicholas Negroponte«, in: *Communication World*, Kingston 1996

Gratton, L.; Erikson, T.J.: »*Wie gute Teams funktionieren*«, in: *Harvard Business Manager*, Hamburg 2008

Hamel, G.: »Die besten Ideen von Gary Hamel«, in: Harvard Business Manager Edition 4/2007

Hamel, G.; Prahalad, C.K.: »*Competing for the Future*«, in: *Harvard Business Press*, Brighton 1996

Hammer, M.: »Reenineering Work: Don't Automate, Obliterate«, in: *Harvard Business Review*, July/August, 1990, S. 104

»Handball-Bundestrainer Sigurdsson Architekt des Aufschwungs«, in: *RP-Online*, Düsseldorf 2016

»Handball-EM: Taktikfuchs Dagur Sigurdsson führt Deutschland ins Halbfinale gegen Norwegen, Sigurdsson feilt an seinem Meisterstück!«, in: *Sport1.de*, 28.01.2016

Kohn, A.: *Punished by Rewards: The Trouble with Gold Stars, Incentive Plans, A's, Praise, and Other Bribes*, New York 1999

https://konzertkritikopernkritikberlin.wordpress.com/2012/03/04/kritik-berliner-philharmoniker-thielemann-bruckner- strauss

Kunde, J.: »Unique, Now or Never: The Brand is the Company Driver«, in: *the New Value Economy (Financial Times Prentice Hall)*, Harlow Essex 2002

Kurzweil, R.: *Homo Sapiens: Leben im 21. Jahrhundert - Was bleibt vom Menschen?* Berlin 2000

Löw, J.: »Mit der Brechstange gewinnt man keinen Blumentopf«, in: *Süddeutsche Zeitung*, München 2015

Micklethwait, J.: »Vital intangibles What it takes to come top in technology«, in: *Economist*, London 1997

Myers, D. G.: *Psychologie* Heidelberg 2008

NDR 29.11.2014 19:20 Uhr: Streitkräfte und Strategien

Nordstrom, K.; Ridderstrale, J.: *Funky Business Forever: How to Enjoy Capitalism*, (Financial Times Prentice Hall), Harlow Essex 2007

O'Toole, J.: Leading Change: Overcoming the Ideology of Comfort and the Tyranny of Custom, San Francisco 1995

Peters, T.: *Der Innovationskreis*, Düsseldorf und München 1998

Peters, T.: *Re-imagine*, London 2004

Peters, T.J.; Waterman R.H.: *Auf der Suche nach Spitzenleistungen. Was man von den bestgeführten US-Unternehmen lernen kann*, München 1990

Pinchot, G.: Intrapreneuring: Why You Don't Have to Leave the Corporation to Become an Entrepreneur, Oakland 1985

Pitcher, P.: *Das Führungsdrama: Künstler, Handwerker und Technokraten im Management*, Stuttgart 2008

Renard, J.: Ideen, in Tinte getaucht: aus dem Tagebuch von Jules Renard, München 1986

Ridderstrale, J.; Nordström, K.: *Funky Business. Wie kluge Köpfe das Kapital zum Tanzen bringen*, 2002

Sanders, T.; Stone, G.: *Love Is the Killer App: How to Win Business and Influence Friends* (Crown Business) New York 2002

Schrage, M.: »The Culture(s) of Prototyping«. in: *Design Management Journal*, Winter 1993 S. 65

Schrage, M.: *Serious Play: How the World's Best Companies Simulate to Innovate*, Brighton 1999

Sprenger, R.: Aufstand des Individuums: Warum wir Führung komplett neu denken müssen, Frankfurt a.M. 2000

Utterback, J.M.: »Mastering the Dynamics of Innovation: How Companies Can Seize Opportunities in the Face of Technological Change«, in: *Harvard Business Review Press*, 1996

Von der Osten, H. Dr.: *Über die Welt und über Gott. Zeitgemäße Antworten auf 11 Grundfragen des Lebens*, Augsburg 1997

Waldrop, M.M.: »The Trillion-Dollar Vision of Dee Hock«, in: *Fast Company*, New York 1996

Watzlawick, P.: *Anleitung zum Unglücklichsein*, München 1988

Weeks, D.J.; James, J.: *Exzentriker*, Reinbeck 1997

Weinberger, D.: *Small Pieces Loosely Joined: A Unified Theory Of The Web*, New York 2002

Welch, J.; Burne, J. A.: *Jack*, New York 2001

www.fool.com, 2015

www.umsetzungsberatung.de Homepage von Winfried Berner und Kollegen

Stichwortverzeichnis

In eigener Sache

eîch|er
eadership expert

Impulse zum

Aufstehen • **Anfangen** • **Anpacken**

Sie wollen Ihre Führungskräfte begeistern, Mitarbeiter inspirieren, das Commitment und die Eigeninitiative erhöhen? Sie
planen einen innovativen Workshop, ein aufmerksamkeitsstarkes
Event, eine spannende Tagung?

Mit dem Speaker und Leadership Experten Lutz W. Eichler wird
daraus ein gelungenes Ereignis.

Er ist ein mitreißender Eventredner jenseits des Üblichen, der
sein Expertenwissen mit Begeisterung in einem individuellen
Vortrag bündelt.

Profitieren Sie von jahrelanger Vortrags- und Seminarerfah-
rung! Gewinnen Sie mit dem Know-How von Lutz W. Eichler eine
andere Perspektive auf Leadership und Spitzenleistungen -
Excellence ist eine Entscheidung, seien Sie an der Spitze mit
dabei!

Sprechen Sie mit Lutz W. Eichler und bereiten Sie mit ihm die
Highlights Ihrer Veranstaltung vor. Erfahren Sie, wie wichtige
Fakten spannend und humorvoll präsentiert werden.

...top achievement makes fun!

Lutz W. Eichler
Deutschland

Tel.: +49 (0) 34491 23908
Fax.: +49 (0) 34491 24006

info@eichler-leadership.expert
www.eichler-leadership.expert